卫浴产品造型开发设计

李珂 王君 刘娟 编著

U0380087

东南大学出版社
SOUTHEAST UNIVERSITY PRESS
·南京·

图书在版编目（CIP）数据

卫浴产品造型开发设计 / 李珂,王君,刘娟编著.
—南京：东南大学出版社,2014.3
（分类产品造型创意开发设计丛书）
ISBN 978-7-5641-4758-7

Ⅰ.①卫… Ⅱ.①李… ②王… ③刘… Ⅲ.①卫生间
—卫生设备—造型设计②浴室—卫生设备—造型设计
Ⅳ.①TU824

中国版本图书馆 CIP 数据核字(2014)第 033326 号

卫浴产品造型开发设计

出版发行	东南大学出版社	
出 版 人	江建中	
社　　址	南京市四牌楼 2 号	
邮　　编	210096	
经　　销	全国各地新华书店	
印　　刷	南京顺和印刷有限责任公司	
开　　本	787 mm×1092 mm　1/16	
印　　张	10.5	
字　　数	280 千字	
书　　号	ISBN 978-7-5641-4758-7	
版　　次	2014 年 3 月第 1 版	
印　　次	2014 年 3 月第 1 次印刷	
印　　数	1—3000 册	
定　　价	55.00 元	

（本社图书若有印装质量问题,请直接与营销部联系,电话：025-83791830）

分类产品造型创意开发设计丛书编委会
成 员 名 单

丛书主编：马　宁　　佗卫涛

编委会成员：马　宁　　佗卫涛　　张　婷

李　珂　　苗广娜　　王　君

侯小桥　　王　莉　刘　娟

丛书总策划：杜秀玲

前　言

　　信息时代的来临，深刻地改变着人类社会，对我们传统的生产制造方式、通讯交流方式、学习、工作和生活方式以及我们的思想观念都将产生重大的、深刻的转变。以经济实力为基础的综合国力的竞争，其核心是科学技术水平的竞争，是综合性、创造性人才素质的竞争，归根结底是产品质量的竞争，是整体国民创新能力的竞争。

　　人性化的观念在这样的背景下显得尤为重要，人类需要一个完整的人性化体系，从产品的人性化设计、生产到企业的人性化管理模式、用户的人性化消费的需求，整个世界都对我们的生活提出质疑，对社会、环境、交通、消费等等，归根结底是因为人性化的观念不够深入，没有传递到生活、生产、消费的每个角落。

　　人性化系统能够帮助用户使用产品并激发他们去学习新的知识，提高生产力，提高工作的效率，减少费用的支出，提高用户对产品使用的满意度。卫浴产品设计、生产同样属于这个范畴，遵循人性化的理念，必将提高人们卫浴生活的质量。

　　在当今世界最著名的卫浴品牌是属于欧、美、日这些经济发达地区的，他们有悠久的卫浴产品制造传统、清晰的发展脉络，有一批专门的设计师在从事卫浴产品的研发。如：欧洲的世界级卫浴品牌，德国杜拉维特（Duravit）、德国高仪（GROHE）、德国汉斯格雅（Hansgrohe）、西班牙乐家洁具（Roca）、美国科勒（Kohler）、美国标准洁具（American Standard）、日本东陶公司（TOTO）、日本伊奈洁具（INAX）等等。设计界缺少核心的文化支撑，没有核心的文化支撑设计理论研究就不可能形成完整的设计理论体系。德国杜拉维特（Duravit），有着182年的历史，是世界四大品牌之一，他们有结构合理的设计研发团队，有人性化的设计理念作为依托，经历多次巨大变革，始终屹立不倒。这些卫浴产品公司有完善的产品分层，每一个档次的产品专门针对不同的消费群体，同时根据人性化的观念进行科学的定位。

　　目前卫浴产品市场的产品主要可分为洁具、洗浴产品和卫浴配件三大类，卫浴产品已经发展到相当成熟的阶段，以后的发展趋势会向着以用户需求和体验的人性化方向发展。

　　随着经济迅速发展，人们物质生活水平得到极大提高，卫浴产品种类繁多，在人性化观念深入人心的今天，卫浴产品的设计和制造越来越贴近人们生活。卫浴空间也逐渐被重新定义，从单一的功能向多重功能演进，注重身心放松、健康休闲的人性化理念深入人们生活的每一个角落。

　　通过对国内外关于人性化理论的研究，发现国内外的专家学者对设计的关注已经到非常细致的程度，对设计的本体、设计的主体、设计方法研究的程度很深湛，但是对于专门针对卫浴产品的人性化设计的著述不是特别系统和条理化,希望本书能够在这方面有所帮助。

国外卫浴产品具有一百多年历史的大品牌很多,他们的理论研究一直是和产品研发、设计同步进行的,优秀理论可以迅速被产品研发接受并且运用到实践当中,这些是国外卫浴产品一直保持领先的根本原因。我们其他设计门类都是在一无所有的情况下发展起来,经过几代人的努力正逐渐地缩小差距。

本书对卫浴产品人性化设计进行了详细研究,从卫浴产品的发展及分类、卫浴产品的设计特征、卫浴产品通用化和情感化到卫浴产品开发战略以及智能家居等方面,结合具体的案例进行详细的论述。本书做到学术性和实用性相结合,既针对专业的产品设计人员也兼顾广大消费者;既可以作为学术著作又可以作为大专院校的专业教材使用。本书采用图文结合的方式来增强可读性,语言力求深入浅出、通俗易懂。

编者

2013.12

目 录

第一章
卫浴产品的定义及历史

一、卫浴产品的定义

卫浴按字面意思就是卫生、洗浴,是供居住者便溺、洗浴、盥洗等日常卫生活动的空间及用品。

卫浴设备的挑选应该针对个人的生活习惯及机能使用需求来考虑,另外,空间的分配也是影响选购的评量因素。针对空间大小、格局分配,挑选卫浴的造型便显得十分重要。一般来说,长方形浴缸最适合小面积空间,但容易显得单调,选择四分之一弧形浴缸所占空间不大,又比一般长型浴缸富于变化,唯在设置上必须找到最适合的角落或用矮墙来区隔,才不会显得突兀;圆形浴缸较适合大面积的卫浴空间,烤箱、蒸气间等SPA设备也必须有足够的空间才能完全发挥效果。

卫浴设备的造型风格不仅多元且日趋精致。无论是选择整体的卫浴设施,或是选购单一卫浴设备,琳琅满目的产品,每一件都让人爱不释手,常常令人无从选择。

在考虑卫浴设备的风格时,除了能够强调自己的审美喜好之外,空间的搭配、材质的协调、色彩的融合等,也都是评量的要点。图文过于复杂、讲究奢华的浴缸,便不适合小型的卫浴空间;强调线条简单的卫浴设备,可以塑造出返璞归真的东方禅风,或是简洁利落的现代风。

提倡休闲取向的卫浴空间,利用线条让空间重新组合,在视觉上达到清爽利落的效果。消费者可以发现,卫浴厂商并不只是贩卖产品,更在推广休闲及健康两项因子的沐浴享受,尤其在现代人越来越重视居家质量的趋势之下,卫浴空间不只是洗浴的解读,还必须具有放松心情、沉淀心灵的作用,甚至是让自己更健康的一处空间。

二、卫浴产品的历史

（一）我国卫生陶瓷行业的发展历史

我国虽然是历史悠久的陶瓷古国，但现代卫生陶瓷的制造技术却是由欧洲传入我国，自生产第一件卫生陶瓷至今已有80多年的历史，但20世纪80年代以前一直没有多大的发展。在建国初期，卫生陶瓷的制造技术相当薄弱，只有几家工厂，年产不过几千件。在过去计划经济束缚下，卫生陶瓷行业发展缓慢，设备陈旧，工艺落后。

自改革开放以来，我国的国民经济步入快速发展的轨道，也给卫生陶瓷的发展带来了生机和活力。特别是20世纪90年代，由于人民生活水平的不断提高，房地产业迅速兴起，新建住宅和旧住宅的装修使卫生陶瓷进入千万家，卫生陶瓷已不再是星级宾馆的卫生间的奢侈品，而是普通百姓家庭必不可少的卫生器具，使中国成为卫生陶瓷的消费大国。直到1992年卫生陶瓷的产量和质量仍然不能满足市场的需求，中高档产品仍需要进口。

在这种机遇与挑战并存的形势下，我国卫生陶瓷工业得到了飞速发展。经过20多年的努力，我国卫生陶瓷生产技术明显提高。随着诸多国际品牌的出现，使我国卫生陶瓷的产品质量和档次有了较大的提高，品种亦趋多样化，几乎可生产世界上各类结构款式的产品，花色品种为适应市场的需要几乎层出不穷。特别是近几年节水政策的不断推进，大大促进了我国便器节水的技术水平的提高，各类节水便器不断出现。

（二）卫浴文明发展史

1. 西方卫浴文明发展历程

（1）古代卫浴文明发展历程

早在古希腊时候，聪明的人们已经使用各种方式来洗浴，包括池塘、浴缸、脚盆以及具有早期喷头在内的各种洗浴器具，可以说是真正的洗浴文明开始。

公元前4500年，美索布达米娅的宫殿中就设有陶土浴缸的浴室。

公元前8世纪，在希腊著名诗人荷马的诗作中就提到了私人浴室。

后来古罗马人征服了希腊，同时被希腊人崇尚健康、自然的洗浴习俗所感染，并逐渐侵入罗马人的思想，而且被发扬光大。比如罗马帝国鼎盛时期的著名公共浴室就是使用同样闻名于世的高架水渠来供水的，其中巧妙地布置了管道设施和先进的中央供暖系统等。

公元前25年，罗马人建造了温水浴室，并采用大理石、黄金和白银作为装饰。由此可见当时西方的卫浴水平已发展到相当成熟的地步。

13世纪，欧洲皇室贵族对个人卫生有了更高的要求，浴池开始出现在高雅的皇室花园中（图1-1）；后来，随着罗马帝国的覆灭，东侵十字军强烈地抵制当时的洗浴文化，因而洗浴的传统暂时消失了。

图1-1 古罗马保温浴室

一直到了中世纪,沐浴文化才得以复兴起来。13世纪,建在了卧室旁边的贵族浴池开始出现在高雅的皇家花园中。到了16世纪,浴室设计风格带有文艺复兴时的华丽,显而易见它们的装饰远远比洗浴功能重要得多。当然,这种浴室只有贵族才能享用,大部分的人只能在厨房中擦洗身体或是去公共浴室。

15世纪末,去浴室已经是中世纪平民生活的一部分,后因浴室渐渐变成了人们寻欢作乐的场所,因此,教会禁止了公共浴室的开放。

在中世纪内的很长一段时间,洗浴在西方国家被限定为一种禁忌,顽固的思想禁锢着卫浴设施的发展停滞不前,只能见到原始状态置于卧室或室内其他一角的便盆。直到18世纪初,几位医生带动了洗浴之事,沐浴被赋予了健康、良性的新的含义,人们对于洗浴的欲望渐渐复苏,给了卫浴产品发展提供了有力的后盾保障。

（2）近代卫浴文明的发展进程

到了近代卫浴设施的历史有了全新的发展。

1596年,英国人哈林顿发明的抽水便池在英国女王伊丽莎白的宫殿里诞生。

1775年,英国钟表匠人卡彭斯对哈林顿的设计进行了改进,实现了储水池中水每次用完后的自动关闭功能,并获得专利,此刻起抽水马桶不再属于艺术的范畴,开始真正地走向现代。

1778年,英国工匠布拉莫再一次改进原来的设计,将增加了把手的储水器放在了便池的上方,同时在便池上增加了盖板。

1790年,英国发明家约瑟夫又一次改进了马桶,增加了控制水量的球阀和防臭功能的U形管道设计;例如1799年夏天,费城女性伊丽莎白·德林克记录了她"第一次淋浴"情景:"比我预想的稍好受一些,有28年没有全身都湿了。"可知,当时的洗浴观念较之前已发生了重大的变化。

到了1855年,英国卫生部门则要求所有住房必须安装卫浴产品,说明当时人类的思想和卫浴设施的发展已经有了质的飞越。而在此时的美国,现代意义上的第一个家用浴盆出现,但是由于与管道不相连的缺憾存在,所以出现率极少。之后随着家用浴盆的推广与公共管道供水系统同时发展才不断被普及,到1860年,家用浴盆数量已相当可观。

19世纪中期前,"洗澡"和"如厕"没有任何联系,直到A·J·道林1850年在《乡村房屋建筑》一书中提到将"洗澡"和"如厕"产品归于一室,并称之为"浴室",在同一房间安装浴盆、洗脸池、抽水马桶既经济又实用,被人们广为接受,而后这个名称被一直沿用下来。

1889年,英国水管工人博斯特尔发明了冲洗式抽水马桶。这种马桶采用储水箱和浮球,结构简单,使用方便。从此,抽水马桶的结构形式基本上定了下来。当时,通过一个叫特威特福的英国制造商表示,他的马桶已经卖出1万只。

1890年,卫浴产品开始在整个欧洲普及,开始时没有自来水和排污的设施。随着自来水管道和排污系统等基础设施的完善,人们才真正意义上使用抽水马桶;同是在这一年,铸铁釉面浴缸首次出现在中产阶级的独立浴室中。

20世纪初,欧洲皇室的浴室中开始配备瓷质浴缸。

1910年,浴室中开始使用瓷砖来做装饰。

1930年,钢瓷釉面浴缸出现在人们的生活中。

1960年,钢板无缝浴缸代替铸铁浴缸成为市场新宠。

21世纪,卫浴空间随着人们生活质量的提高,正在逐渐改变着原来洗脸、洗澡和厕所三项基本的功能需求,同时成为人类比较私密的享受空间。

所以说,真正具有现代气息的卫浴产品是19、20世纪才逐步出现的。从开始的单品出现,发展到后来,家庭盥洗室格局的初步形成,再到现在,时尚、先进的生活理念不断充斥人们的生活,也要求卫浴用品在满足人们最基本的功能需求之外,还能给他们美妙绝伦的身心享受,感受令人愉悦的温暖、体验舒适放松的惬意,达到释放人性自由的目的。

2. 中国古代的卫浴文明

沐浴,简单地讲,就是洗澡的意思。从上述的历史可以看出,卫浴一直是厕所和浴室两个独立使用的空间。在《周礼》中提到的厕所,就只是指公厕,最早形成在夏商时代城市之中。

在公元前500年商周时期的甲骨文和金文中均有"浴"的记载;另外商周时期出土的青铜器器皿里边就包括鉴、盘、匜、汲壶、浴缶、洗等器具,均是用来沐浴盥洗的器具。据《说文解字》云:"鉴,大盆也,盛水用作浴器。"后又在扬州城北郊西湖果树地区的战国墓葬中挖掘出直径60厘米的灰陶沐盆,以及陶匜,经考证,作为冥器为陶质,实用时为铜盆、铜匜为多,匜形如葫芦瓢,这些都为早期的洗浴用品。

早在春秋战国时代就有人不慎跌入厕中身亡的,最后查找原因是因为厕所排粪池太深的缘故,所以在《左传》就记载晋侯某跌入厕而死的典故。之后的殷商时期,专门用于沐浴的家用浴室才出现,但是公共的卫浴设施没有提及。

先秦时期称浴室有个专用词语,叫"湢"。先秦礼节:五日则汤请沐,三日具浴(意思是晚辈每5天用温水为父母洗澡,每3天用温水洗头)。秦阿房宫中有许多沐浴设施和给排水系统。宋人高承《事物纪原》云:"高辛氏制造为,此沐浴之始也。"据《史记·五帝本纪》,高辛氏即帝喾,是黄帝的曾孙。帝喾是否是第一个发明建造浴室的人,很难肯定,但帝喾沐浴的记载确实有过。《山海经·大荒南经》云:大荒之中,有不庭之山,荣水穷焉。有人三身。帝后

妻娥皇，生此三身之国，姚姓、黍食，使四鸟，有渊四方，四隅皆达，北属黑水，南属大荒，北旁名曰少和之渊，南旁名曰从渊，舜之所浴也。晋人郭璞注："言舜尝在此沐浴也。"神话学家袁珂《中国神话传说》称："帝俊，就是那个生了殷民族的始祖契和周民族的始祖后稷的帝喾，也就是那个在历山脚下用象来耕田后来当了皇帝的舜。"据此，《山海经》所说的三身国那个四方水池（"有渊四方"）即高辛氏经常沐浴的地方，恐怕就是高辛氏的专用"湢"吧！在周代，"湢"已经很常见了。《礼记·内则》云："外内不共井，不共湢浴。"是说男女有别，内外有别，住在一家，不能共用同一浴室沐浴。当时的君王和士，家中都已设有浴室，并且规定夫妇之礼有"不敢共湢浴"。

在秦汉时期，我们的厕所文化已经发展到了较高的阶段，比如河南南阳的杨官寺汉画像石墓出土的陶厕，堪称精品，但却在一个侧院内看到了两座形式不同的厕所，其中一个不但有便坑，还有尿槽。根据学者的断言，这两个厕所无疑是男女分用的。《荀子》中曾经提到"治市"之官统管负责厕所的清洁，这应该就是公共厕所的卫生清理工。可以看出，在秦汉时候，公共厕所已经发展到一个相当成熟的阶段。

从秦汉的时候开始，民居厕所开始进入普及阶段，并且还有蹲式厕所和坐式的。帝王和官宦们为了体现其尊贵的身份、显赫地位，对于马桶的设计则非常讲究，比如皇家的太师椅、凤椅（马桶的两侧还镶刻着显示身份的凤仪，尽显端庄之态）。连名字也出现"更衣之所"的称呼，与现在的更衣间的称呼类似。这与古罗马的下层百姓家中没有任何卫生设施行成了鲜明对比，可见当时我们不仅经济和科技远远领先欧洲，连坐便都早过他们好几个世纪。

另外，人们逐渐不再称浴室"湢"了，汉人伶玄《赵飞燕外传》载，汉成帝为赵昭仪大建宫室时，专门为其建有浴室，取了个名叫"浴兰室"，十分豪华，浴室里四壁用玉璧镶嵌，外面装饰黄金白玉，赵昭仪夜里入浴兰室沐浴，灯烛下，四周白璧映照着赵昭仪的滑腻肌肤光彩焕发，迷得汉成帝常常躲在帷幕中窥浴。在洗浴方面，一直沿用木制桶，放入适宜的温水，进行洗泡；还有一种就是边洗边加温的洗浴用具——地锅，铁制成品，在锅下用木柴取火，保证了热水的温度。到现在为止，一些边远的地区还沿用这些古老的洗浴方式。

至汉代，沐浴分得更细：沐，濯发也；浴，洒身也；洗，洒足也；澡，洒手也；沐浴是以"休沐"的形式被法律固定下来，"休沐"——汉代朝廷官员沐浴的法定假期。

到晋时，据《晋书·后妃传》载，晋惠帝的皇后贾南风，荒淫放荡，不仅与太医令程据等人淫乱私通，还让人上街寻找美少年秘密带回住处，先送入浴室用香汤沐浴，再上床陪宿，可见晋时上等人家多设有浴室。

南北朝时期，南朝梁国简文帝萧纲对沐浴格外钟爱，撰写三卷《沐浴经》（图1-2）。

图 1-2　南朝梁国简文帝萧纲《沐浴经》

到了唐代，洗浴文化已日臻成熟，蒸气浴、温泉浴、冷水浴、药浴等各种洗浴方式已在皇室大臣中流行。唐玄宗曾经为贵妃杨玉环专门建造华清池（图 1-3），供其享乐；唐朝著名诗人白居易在《长恨歌》中写下了"春寒赐浴华清池，温泉水滑洗凝脂"的名句。

图 1-3　华清池

民间流传着一则关于公共浴堂创立的故事，宋代有个商人因为生意赔了本，又欠下一身债务，想一死了之。这时，一个风尘仆仆的商人路过他家，向他借一木盆，又要了一盆水洗脸擦身，清除疲劳整顿精神。见此情景，想死的商人灵机一动，为什么不利用原来的店铺开个浴堂，让来往旅人都来付钱洗脸洗澡呢？主意拿定，他就四处借钱，开办了一家公共浴堂。真是天无绝人之路，生意果然兴隆。人们纷纷效仿，都城东京汴梁的公共浴堂一下子多了起来。《养疴漫笔》载，宋宁宗嘉泰年间（公元 1201—1204 年），有个姓张的漆匠晚上去浴堂沐浴归来，半路上被人带入一座迷宫式的大宅院，充当了一回借种。这时候公共浴室，并且已经

非常发达,遍布开封城内外,浴室实行男女分浴,服务非常周到,除了提供沐浴外,还提供揩背、修剪指甲、按摩等服务,还提供茶水、酒类及果品等。

宋元时期,洗澡已遍及百姓生活,宋人洪迈《夷坚志》载,当时一般人家建房都专设有浴室,就连妓女之家也有浴室。据佚名《李师师外传》载,宋徽宗微服嫖妓,来到李师师家,坐了好半天,不见李师师。李姥再三请宋徽宗洗澡,被宋徽宗推辞了。李姥凑近他耳朵说:"女儿生性喜欢干净,不要怪罪。"宋徽宗不得已,只好跟随李姥"至一小楼下湢室"沐浴。

据宋人洪迈《夷坚志》卷八"京师浴堂"载,北宋宣和年间(公元1119—1125年),京城汴梁(今河南开封)公共浴堂很多,一般是前面设有茶馆供人饮茶休息,后面则是浴堂供人沐浴。京师浴堂营业很早,天尚未亮,道上行人尚稀时,就已开门营业,这一习俗一直延续到近现代。不过洪迈所记的这家浴堂是家杀人越货的黑店。宋人张择端描绘北宋都城汴梁繁荣景象的风俗画《清明上河图》,在街市两侧林立商肆之中就有一家浴堂。南宋时期,都城临安(今浙江杭州)亦是当时繁华的大都会,公共浴堂多,已形成了一定规模的行业,有了自己的行会组织,称为"香水行",并成为当时公共浴堂的代名词,南宋吴自牧《梦粱录》卷十三"团行"云:"开浴堂者名香水行。"当时浴堂天未亮就开门营业,宋人话本《济颠语录》写道:天未亮,城市还在熟睡,而浴池已开门迎客洗澡了。浴堂早晨还卖洗脸水,《梦粱录》卷十三"天晓诸人出市"云:"每日交四更,诸山寺观已鸣钟,庵舍行者头陀,打铁板或木鱼儿沿街报晓……御街铺店,闻钟而起,卖早市点心……又有浴堂门卖面汤者。"浴堂中,从北宋以来还有专门为客人服务的揩背人。公共浴堂门前多以壶为标志,宋人吴曾《能改斋漫录》云:"所在浴处必挂壶于门。"是说公共浴堂这个行业有其共有的标志:门前挂壶,类似今日的实物广告。宋人范成大《梅谱》还记录了临安城的卖花人为了争先为奇,便将初折未开的梅枝放在浴堂中,利用浴堂的湿热蒸汽熏蒸处理,以便使处于休眠状态的花苞提前开放。这显然是浴堂的又一作用,也是沐浴对人们美化生活的影响。

还有北宋欧阳修的"归田录二"中的木马子是我国最早关于马桶的记载;一般人家建房时都设沐浴间,庄季裕的《鸡肋编》中一句"东京数百万家,无一家燃柴而尽用煤炭。"可说明那时沐浴在人们社会生活中的普及度。《马可·波罗游记》中有记载:在元代,杭州一些街道上有"冷浴澡堂",马可·波罗在书中还记下杭州"所有的人,都习惯每日沐浴一次,特别是在吃饭之前"的良好风习。

蒙古人入主中原,定都大都(今北京),一改往日很少沐浴的习惯,在京城开设公共浴堂。甲申乃元至正四年(公元1344年),皇孙噶玛拉出巨资让人修建天庆寺,乙酉年(公元1345年)春天动工,丙戌年(公元1346年)仲秋落成,并建了浴堂(即庖湢之所),服务对象自然是僧人和宾客。

元代大都的公共浴堂服务体系比两宋更加完善。公元14世纪中期高丽国(今朝鲜)有一本书叫《朴通事谚解》,是一本专为高丽人来中国使用的汉语教科书,对元代大都的商业、手工业、书籍、杂技、宴饮、民俗、游艺等等方面均网罗无遗,描述细致。其中详细展现了一幅元代大都的市民洗澡画卷;当时大都的公共浴堂除了洗澡之外,还有搓背、梳头、剃头、修脚的服务,不过价钱不一样,洗澡要交汤钱五个,搓背两个钱,梳头五个钱,剃头两个钱,修脚五个钱,全套服务一共十九个钱,这个价格并不贵,一般市民还有这种承受能力,所以上公共浴堂的人很多。进入浴堂,在浴堂伙计引领下,将衣裳、帽子、靴子脱下放入柜子里,一个个赤条条地走入水池，"到里间汤池里洗一会儿，里间睡一觉，又入去洗一洗，却出客位里歇一会儿，梳、刮头，修了脚，凉完了身，已时却穿衣服，吃几盏闭风酒，精神别样有"这和近现代人上澡堂洗澡无甚两样，今人丁帆《沐浴》一文记昔日沐浴时尚，其所描述澡堂洗澡，与上述描述差不多一样。

明清两代，城市公共浴堂行业十分兴旺，人们上浴堂泡澡聊天成了一种享受，也成了一种时尚，诚如丁帆《沐浴》一文中所说："作为文化消费的重要内容，洗澡不仅成为一种民俗风情，而且亦几乎成为一种文化仪式。"

明代全国各地都有公共浴堂，时人称"混堂"，其得名，恐怕是入池洗澡的人不分高低贵贱，彼此"混"在一起洗的仪式。这种"混堂"是个什么样子呢？明人郎瑛《七修类稿》卷十六"义理类·混堂"条，对当时江苏一带的混堂的结构作了细致的描述：混堂，天下有之……吴俗：甃大石为池，穿幕以砖，后为巨釜，令与池通，辘轳引水，穴壁而贮焉，一人专执爨，池水相吞，遂成沸汤。名曰"混堂"，榜其门则曰"香水"。

至明代中后期，大澡堂开始兴起，成为人们洗浴的又一种新的形式，作为大众化的洗浴场所，人们很多看到了大澡堂的方便、舒适，以及它的娱乐性，因而一直保留至今。南京中华门外据说有明代留存至今的澡堂，三山街的三山池等等，都是中国卫浴文化的缩影，同时也证明了国人的卫生习惯。南京有句老话"早上皮泡水、晚上水泡皮"的后半句就是一个很好的证明。

明清时期，沐浴真正意义上进入人们的生活之中。厕所和浴室的发展都已经到了非常高的程度，不过两者的差别是：厕所是朝着私厕的方向发展，基本上是一房一卫的，而浴室仍然朝着公共浴室的方向发展。从形式上来说，两者同现代已经几乎没有什么分别了。

到了清代，由于西域使节的往来，在洗浴方面，清朝开始注意吸收异域先进之风，为己所用。有如记载中写到，"故宫武英殿西朵殿浴德堂后建有一穹窿浴室，室内顶、壁满砌白釉琉璃砖，其后有水井，覆以小亭，在室之后壁筑有烧水用的铁制壁炉，用铜管引入室内"，这是典型的阿拉伯式洗澡样式，在这种浴室内可以洗"蒸气浴"。

清代有一幅《浴堂图》，其所描绘的浴堂结构与郎瑛所记几乎一模一样，一文一图，真实地反映出明清公共浴堂的面貌。

这种"混堂"，面向全社会开放，无论什么人，只要付钱就能入内洗澡，因入浴者有的极脏，有的带病，遍体"秽气不可闻"，混堂的卫生状况也就可想而知了。当时进入混堂洗澡的尤以社会下层体力劳动者为多，也就是郎瑛所说的"负贩屠沽者"之类的市民阶层，当然也有不少士人入浴，大家"混"而洗之，使得混堂池水成了浑浊泛白的垢汤水。即使这样，出入混堂的人仍不可胜记，郎瑛还就这种状况提出建议："为士者每亦浴之。彼岂不知其污耶。迷於其称耶。习於俗而不之怪耶。抑被不洁者、肤垢腻者、负贩屠沽者、疡者、疕者。果不相浼耶。抑经其浴者。目不见。鼻不闻耶。呜呼。趋其热而已也。使去薪沃釜。与沟渎之水何殊焉。人孰趋之哉。人孰趋之哉"。郎瑛认为一些人是冲着混堂的热水而奔去的，如果抽掉池下的柴薪，那洗澡水和臭水沟的水又有什么两样。人们之所以乐于去混堂洗澡，是因为这是一种时尚，世人喜欢赶时髦，也就一窝蜂地上混堂洗澡，管它水脏不脏，一些开混堂的老板也注意到了池水的卫生，声明有病毒者休要来洗浴，说是这么说，实际上是禁止不了的。一些常去混堂泡澡的老客，甚至认为那浑浊泛白的垢汤水是养人容颜皮肤的，尤喜在这种垢汤水中泡上一泡。明代宫中亦有混堂,并专门设置了管理沐浴的机构,叫"混堂司",辖管宫廷及太监沐浴等事项,颇似唐代的温泉监。

清代的公共浴堂构造沿袭明代,稍加改制。扬州自隋以后,商业经济日益发达,到清代乾隆时期,扬州又出现了极其繁荣的局面,经济富庶,百业兴旺,公共浴堂遍及城里城外,扬州人称之为"浴池"(图1-4)。清代乾隆年间李斗《扬州画舫录》卷一"草河录上"记述扬州一带浴池形制:以白石为池,方丈余,间为大小数格,其大者近镬水热,为大池,次者为中池,小而水不甚热者为娃娃池。贮衣之柜,环而列于厅事者为座箱,在两旁者为站箱。内通小室,谓之暖房。茶香酒碧之余,侍者折枝按摩,备极豪侈。

图1-4 明清浴池

清朝的一些大城市如北京、上海、沈阳、济南,差不多与扬州一样,都开设了许多公共浴堂,并都有一些著名浴池,老字号名牌甚多,有些高档的浴池密房曲室,悬挂名人字画,摆设古玩鲜花,家具是红木嵌湖石的,洁净明亮,其豪华舒适不次于今日的高级桑拿浴。一些浴池除了大池外,还设有单间小池,亦设有盆浴,只是价格不同而已。当时浴池门前的招幌,不再是壶了,而是改挂灯笼,两边楹联多为"金鸡未唱汤先热,红日东升客满堂"、"清水池塘,盆浴两边"等等。公共浴堂行业亦有自己的行业协会,一般叫做"澡堂公会",还定期举行公祭祖师的活动。

另据说清朝时有"人生四快事"一说,大致为"剃头、取耳、浴身、修脚"。洗浴成为人们精神享受的一部分,如同明人屠本郡所说的,沐浴似乎可以和"赏古玩"、"褒名香"、"诵名言"相提并论,由此可见当时的洗澡较之以往已经更为讲究。

在清末民国初年抽水马桶最早传入中国,但也是只限于皇宫或达官显贵之家。

在19世纪中叶,坐便器在中国最早出现在上海黄浦江上的外国轮船上,之后最早在上海开始流行;1917年,唐山缸窑路的德盛瓷厂生产出中国第一个坐便器,之后随着城市基础设施的完善而迅速进入家庭中;1949年到80年代中期,唐山一直是卫浴产品的主要产地;从80

年代开始,特别是经过90年代的快速发展,河北唐山、广东佛山、四川(重庆)成为中国洁具的三大生产基地,卫浴产品产销量、出口占全国2/3以上。

厕所的发展是从公用到私用,而浴室则是从私用发展到公用再到现在的私用,并且浴室的发展总是晚于厕所。这应是由于在当时的社会认知中,厕所和浴室不同的功能定义所决定的。在古时可以不洗澡,但是厕所不能不进,所以厕所的发展一直早于浴室,并且在秦汉时就发展到了私用阶段。而随着生活水平的提高和社会文明的进步,浴室的重要性才逐步提高,于是浴室以公用浴室的形式普及,进而发展到了现在的独立浴室。

3. 典型卫浴产品的发展史

(1) 马桶的历史

①古代马桶的发展

马桶的发展,是随着人类进化和科技发展而出现的产物,从最初的解决生理需求,到现在的释放压力,甚至是彰显品位。

在马桶还没有出现的时候,人类的思想还没有进化完全,解决生理问题都是随便找一处地方即可,先进一点的,就是找个地方挖个洞解决。当然,那个时候的人类,还是穿着树叶编织的衣服,拿着石制的武器,与大自然做搏斗。那时候,生存是唯一的主题,自然不需要过多思考方便的问题。

当人类渐渐有了与自然抗争的实力后,人类开始觉得自己可以生活的好一点,于是房屋出现了。房屋让人类的个人生活变成一种隐私,自然而然的,如厕这样一个问题,也变成一件私密的事情了。于是,厕所出现了。那时候的厕所很简单,一个大洞,然后用东西围起来,至于上面,有没有东西无所谓了,又没人从上面去偷看。但人们发现,上面没遮盖物,于是,类似于现代的厕所出现了。

但是很快,人们就发现了新问题,如果晚上要如厕怎么办? 那时候,人们也知道厕所味道难闻,所以建得离自己的房子都有一定距离,晚上黑灯瞎火,不方便。毕竟有晋景公这样的震撼例子在,这位倒霉的君王,如厕时不小心掉下去淹死了! 想来也是晚上灯火不够,导致了这样的悲剧。

古人说"闻香下马,知味停车"。放到现在,人们可能以为是被饭馆的菜香吸引了,不过,那时候,其实是人们坐在马车上,突然感觉内急了,闻到臭味,马上下车了。如此狼狈,让自诩文人雅士的古代读书人们情何以堪!

为了解决这个问题,上至皇帝高官,下至普通百姓,都是绞尽脑汁。汉高祖刘邦是位能人,他为了节省开会时间,直接用文官的帽子来如厕!

这件事情给了大家启发,于是,最早的马桶——"虎子"诞生了。

要说"虎子",这得从汉朝说起,《西京杂记》上说,汉朝宫廷用玉制成"虎子",由皇帝的侍从人员拿着,以备皇上随时方便。这种"虎子",就是后人称作便器、便壶的专门用具,这也是马桶的前身(如图1-5)。如按此说,据说这种"虎子"也是受高祖刘邦以儒生之冠当溺器而受到启发才发明出来的。

图 1-5　汉代虎子

其实那时候的阶级观念比较严重,导致制造"虎子"的材料也不尽相同,皇帝用的可以用玉做,平民老百姓就只能用木制的了。

关于"虎子"的发明,在《西京杂记》中有另外一种说法。文章叙述到李广与兄弟共猎于冥山之北,见卧虎焉,射之。一矢即毙,断其髑髅(骷髅)以为枕,示服猛也;铸铜象其形为溲(排泄小便)器,示厌辱之也。这是说"飞将军"李广射死卧虎后,让人铸成虎形的铜质溺具,把小便解在里面,表示对猛虎的蔑视,这就是"虎子"得名的由来。

"虎子"名称的由来还有一个神话传说。据说在很久以前距离中国25万里的地方有一座神鸟之山,山上有一种神兽叫"麟主",麟降伏百兽,要小便时,老虎便蹲伏张嘴承接尿液,"虎子"因此得到形状及名字。

可是到了唐朝皇帝坐龙廷时,因为开国皇帝李渊的祖父名叫李虎,为了不犯皇家忌讳,便将这大不敬的名词改为"兽子"或"马子",从此"虎子"一称便再无广泛使用。再往后俗称"马桶"和"尿盆"。

这中间还有一个笑话,宋太祖赵匡胤平定四川,将后蜀皇宫里的器物全运回汴京,发现其中有一个镶满玛瑙翡翠的盆子,欢喜得不得了,差点儿用来盛酒喝。稍后把蜀主孟昶的宠妃花蕊夫人召来献身,花蕊夫人一见这玩意儿被大宋天子供在几案上,忙说这是我老公的尿盆啊!惊得赵匡胤怪叫:"使用这种尿盆,哪有不亡国的道理?"马上将这宝贝击碎。

对马桶最先做详细文字记载的是北宋时期欧阳修的《归田录二》,其中的"木马子",《辞源》中对其解释为"木制的马桶"。中国古代民间使用的马桶是一种带盖的圆形木桶,用桐油或上好的防水朱漆加以涂抹。

到了清朝,宫廷马桶的制作更加讲究,舒适和卫生水平都提高了很多。中国式马桶虽然经历了千余年的使用和演变,然而其外形却没有发生什么变化,基本上还是保持着盆形和桶形的外观(如图1-6)。

图1-6　老北京木质马桶

②近代马桶的发展

　　1596年，英国人哈林顿在英国女王伊丽莎白的宫殿里安装了第一个抽水便池(图1-7)，以此掀开了近代卫浴文明发展的新页。坐便器最早发源于欧洲，早在十六世纪的时候是由英国贵族发明的一个简单的、有水箱的木制座位，但是它不隔臭，而且没有排污系统，所以一直没有得到推广。一直到19世纪，1861年，英国一个管道工托马斯·克莱帕在此基础上发明了一套先进的节水冲洗系统，把它改进成了具有完善排污系统的坐便器，废物排放才开始进入现代化时期。然后这个坐便器随之就盛行欧美和其他国家，并且一直沿用到现在。

图1-7　抽水马桶

　　坐便器在中国最早出现在19世纪中叶的上海黄浦江上的外国轮船上，之后在上海开始流行；1917年，唐山缸窑路的德盛瓷厂生产出中国第一个坐便器，随后，随着城市基础设施的完善，坐便器迅速进入到家庭中来。普通马桶水箱剖面见图1-8。

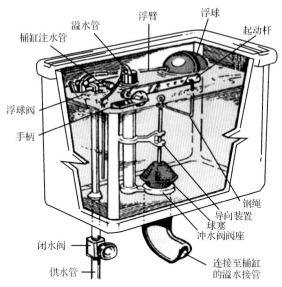

溢水管　浮臂　浮球
桶缸注水管　　　　　起动杆
浮球阀
手柄
钢绳
导向装置
球塞
冲水阀阀座
闭水阀
供水管
连接至桶缸
的溢水接管

图1-8　普通马桶水箱剖面图

③现代坐便的发展

现在,随着科技的进步和人们生活品质的提高,卫生间不再仅仅是解决生理需求与个人卫生的简单场所,马桶以其先进的科技和独有的文化,改变着人们的生活。从适用到实用、从设计到风格、从科技到人文、从需求到品味,马桶文化就在不断发展,在充当艺术品的同时,演绎着生活的情趣和品质(图1-9)。

智能坐便器起源于日本,最初是医院为痔疮患者专门设计的医用设备,后来逐渐被引入家居领域,经过进一步的改良,不论男女老少均可使用,最大的优点一是方便,二是健康。

"科技以人为本"绝不是一句口号,嵌入式的电脑技术出现使家居智能化成为一种可能,智能坐便器就是在传统坐便器上附加电子智能的清洗洁臀功

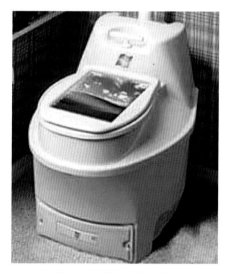

图1-9　能上网的马桶

能。在方便之后,能用温水像淋浴一样冲洗,令臀部始终保持清洁,感觉舒适,以水洗彻底颠覆了以往用纸擦拭的习惯。这种智能坐便器的好处已为越来越多的人所熟知,但不少读者可能还不知道,我国第一个制造生产智能马桶的企业就出现在浙江台州,台州是国内最大的智能坐便器生产基地。

智能坐便器的推广,让充满人性化和人文关怀的卫浴产品也逐渐受到消费者的青睐。智能坐便器的出现,使人们日常生活的品质进一步提高。

随着人们生活品位的提高,卫浴产品单纯的使用价值已经远远不能满足要求,这个时候产品使用性和审美性的结合无疑成为了一种必然。浴室里的每一件物品,从墙砖、地砖、洗

脸盆、浴缸到龙头、花洒及浴室配件，所有的配置都遵从一个风格组合在一起，形成一个完整的浴室。每一个产品，每一个细节里都是内心生活态度最佳的布局，甚至细微的尺寸变化都会彰显空间整体的个人和谐自然美。如安华推出的爱丽丝系列、伯爵系列、迈阿密系列等等，皆以其统一的设计风格构成了一个完整的空间，让浴室不再是一个单纯的房子，而是有故事有情调有文化内涵的精彩世界。

"低碳世博"的强劲春风吹遍了城市的每一个角落，卫浴也在用其独特的方式美化着人们的生活。健康、低碳、舒适、简约时尚的卫浴，让家成为我们休闲放松的天堂，让城市生活的每一天都有温馨的感动。从马桶到蹲便器再到坐便器，从分体到连体，从简单的卫生需求到健康环保，再到智能享受，再到个性和品位，在体现了功能性和舒适性的完美结合之后，在紧接着的自我和个性品位中不断创新和发展的卫浴文明，正在潜移默化地提升着我们的生活品质，用其完善的功能和美学价值带给我们更加舒适和完美的生活。

我国智能马桶行业和市场正处于成长期，20 世纪 90 年代中期智能马桶才开始进入中国(图 1-10)。在随后的十几年里，中国的上海、西安、烟台、重庆才开始出现智能马桶生产企业，而现在涌入智能马桶生产行列的大部分企业，是贴牌国外的智能马桶品牌，并没有自主研发属于本土品牌的智能马桶。

（2）水龙头的发展历史

伊斯坦布尔的水龙头最早出现于 16 世纪(图 1-11)，比北京早了四五百年。

水龙头出现以前，供水泉墙上镶嵌着一种兽头状的。"流水嘴"，从那里流出来的水一直是不加任何控制的长流水。为了避免浪费水和解决不断严重的水资源的供不应求，人们研制出了水龙头。

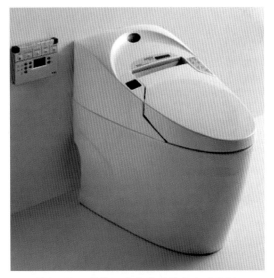

图 1-10　箭牌卫浴皇家至尊全自动马桶

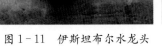

图 1-11　伊斯坦布尔水龙头

最初的水龙头是用青铜浇铸的,后来改用便宜些的黄铜。有些水龙头只是简单实用,有些则很有装饰性。各种不同形状的水龙头,比如蛇、龙形状,公羊头状,几何形状或花草形状等,都反映了那个时代的建筑装饰风格。宫廷中和其他重要建筑的水龙头多是银制、银合金或青铜镀金的,并且精雕细刻。

在18和19世纪间,为宫廷和豪宅制作的水龙头更加重视装饰性,以至于喧宾夺主,使其实用功能屈居于装饰作用之下,说它们是工艺品一点也不过分。

现在的王宫里、大街上,供水泉的墙上或清真寺外面仍能见到各种古式的水龙头。

进入21世纪,消费市场发生了巨大的变化,物质的富足催生了世界范围内的景致生活思潮,众多消费者开始对生活的品位有了自己独到的理解,他们高扬精致生活、物质主义、文化情趣、个性、自我等旗帜,打造自己的完美生活空间。

如今,随着家居装修风格日益明显化,卫浴空间也开始处处张扬个性。为了创造个性的卫浴空间,从水龙头、脸盆、淋浴设备到卫浴配件等,独特的设计处处都彰显着个性和不凡的品位。

(3)皂的发展

沐浴的主要目的之一是除污去垢,要洗浴当然就得有有效的去污脱垢的洗涤剂,先秦时期尚无肥皂一类的洗涤剂,那么,古人用什么来洗涤呢?(图1-12)

远在三千年前的周代,人们就发现并利用米汁水作为沐浴洗涤剂。《礼记·内则》云:"五日则燂汤请浴,三日具沐,其间面垢,燂潘清靧"。

唐人孔颖达疏:"沐,沐发也;靧,洗面也。取稷粱之潘汁用。"所谓"潘",东汉许慎《说文解字》云:"潘,淅米水也。"也就是今日所说的淘米水。稷,即粟;粱,即高粱,均是我国古老的食用作物,也是上古最好的

图1-12 汉代淅米图

谷子之一。孔颖达所说的"取稷粱之潘汁用",就是取淘洗稷和粱的水来做洗沐的洗涤剂用。关于用"潘"作为洗涤剂的效果,清人曹廷栋《老老恒言》卷一《舆洗》中认为:"沐稷之水洗发;以淅粱之水洗面,皆泔水也。泔水能去垢,故用之。去垢之物甚多,古人所以用此者,去垢而不乏精气,自较胜他物。""潘"是我国最早的洗涤剂,先秦两汉多以"潘"来洗浴除污。在此不妨举两则例子加以说明。

《左传·哀公十四年》载,有一天黄昏时刻,齐国大夫阚止处理公文时,正好遇上陈逆杀了人,就把他抓起来关于监狱。陈氏家族是大族,族人为了营救陈逆,借口派人送"潘"给他洗沐,乘机带去酒肉。陈逆用酒灌醉狱卒后,就杀了狱卒逃跑了。西晋杜预在注"遗之潘沐"时云:"潘,米汁,可以沐头。"这是春秋时人们用"潘"洗沐的记载。

先秦两汉时期,淘米水的确是一种易于取用的洗涤剂。直到今日,流行一时的保健沐浴中仍有糠水浴、淀粉浴、麸皮浴,实质上原理同于古代淘米水洗浴。糠水浴,是指将麦糠、米糠或谷糠一至两千克,装在布袋内,加水煮上三十分钟,再加入适量温水,进行全身浸浴。糠水浴具有缓解疲劳、消炎和止痒等作用,适宜治疗泛发性瘙痒性皮肤病。淀粉浴,是将淀粉或麸皮约一千克,先用适量水调成糊状放入浴盆中,再加入适量温水进行全身浸浴。采用淀

粉沐浴,成为淀粉浴;采用麸皮沐浴,称为麸皮浴。也可以将淀粉或麸皮装在布袋内,放入浴盆中,用热水向布袋上冲淋,然后加入适量温水进行全身浸浴,在洗浴时捏揉布袋,或以布袋代替浴巾,其作用与糠水浴相同。其实,这种沐浴方法早在元代就有。元杂剧《谢天香》中就描述了女子用"熬麸浆细香澡豆"的沐浴场景,乃是健康必用之道。

日本科学家还开发了一种米剂浴,是以米和米曲为原料,用酿造纯米酒的方法制造米浴剂,在制造中应用了生物技术来提高其保湿效果,还添加了香料。这种用于米剂浴的米浴剂具有保湿、清洁等作用,常洗米浴剂可预防和治疗腰痛、手脚冰凉、皮肤粗糙、冻疮等。溯其源头,正是我国古代"取稷粱之潘汁用"的洗浴方法。

第二章 卫浴产品的分类及发展

一、常见的卫浴洁具的分类

（一）洗脸盆

洗面盆是人们日常生活中不可缺少的卫生洁具(图 2-1)。在传统的印象中,洗面盆(洗脸盆)就是塑料或者铁制品,随着社会科技的进步,人们生活水平和品质的提高,洗面盆逐渐由传统洗脸盆指向现代新型的卫浴洁具面盆。卫生间洗面盆按照不同的分类方式分为多种类型,满足了当前所有家庭的各种使用需求。

洗面盆的材质,使用最多的是陶瓷(陶瓷盆由于烧成温度高,均匀,抗急冷急热能力强,不易裂,性价比较高)、搪瓷生铁、搪瓷钢板,还有水磨石等。随着建材技术的发展,国内外已相继推出玻璃钢、人造大理石、人造玛瑙、不锈钢等新材料。洗面盆的种类繁多,但对其共同的要求是表面光滑、不透水、耐腐蚀、耐冷热,易于清洗和经久耐用等。

图 2-1　洗脸盆

洗面盆主要以安装方式、龙头安装孔、洗面盆自身三孔等三种方式分类，每一种方式都可以将洗面盆分为不同的类型。

1. 按安装方式分类

按安装方式可分为台式、立柱式、壁挂式。

（1）台式

台式洗面盆又分为台上盆（图2-2）和台下盆（图2-3）两种。台上盆是安装在浴室柜台面之上的洗面盆，台下盆一般是采用嵌入浴柜式安装。二者之间各有优势，相比较而言，台下盆更受用户喜爱。

图2-2 台上盆　　　　　　　　　　图2-3 台下盆

（2）立柱式

立柱式洗面盆非常适合空间不足的卫生间安装使用，其立柱具有较好的承托力，一般不会出现盆身下坠变形的情况，而且造型优美，宛如一件艺术品，安装在卫生间可以起到很好的装饰效果（图2-4）。

图2-4 立式洗脸盆

（3）壁挂式

壁挂式洗面盆也是一种非常节省空间的洗脸盆类型，壁挂式洗面盆顾名思义就是采用悬挂在卫生间墙壁上安装方式的脸盆（图 2-5）。需要注意的一点是，嵌入墙身的支架和螺钉可能会因为长期使用或者承重力不足而松动，致使盆身下坠。这种壁挂式洗面盆适用于墙排水结构房。

图 2-5　壁挂式洗脸盆

2. 按龙头安装孔分类

按龙头安装孔可分为无孔、单孔和三孔。

（1）无孔

无孔设计的洗面盆一般为台下盆，其水龙头可安装在浴室柜的台面上或者墙上（图 2-6）。

图 2-6　无孔设计的洗面盆

（2）单孔

冷热水管通过一个孔接在单柄面盆水龙头上，水龙头底部带有丝口，可用螺母将龙头固定在这个孔上（图 2-7）。

图 2-7　单孔柱盆

（3）三孔

三孔洗面盆又可分为四寸和八寸孔，可配装英制四寸或八寸孔两种双柄冷热水龙头或单柄冷热水龙头，冷、热水管分别通过两边所留的孔眼接在水龙头的两端（图 2-8）。

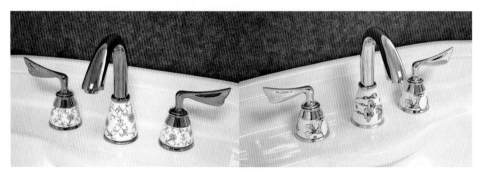

图 2-8　三孔盆

3. 按洗面盆自身三孔分类

洗面盆三孔是指龙头安装孔、溢流孔和下水孔（即排水孔）（图 2-9）。

图 2-9　洗脸盆

无孔的洗脸盆其水龙头应安装在台面上，或安装在洗脸盆后的墙面上；单孔洗脸盆的冷、热水管通过一只孔接在单柄水龙头上，水龙头底部带有丝口，用螺母固定在这只孔上；三孔洗脸盆可配单柄冷热水龙头或双柄冷热水龙头，冷、热水管分别通过两边所留的孔眼接在水龙头的两端，水龙头也用螺母旋紧与洗脸盆固定。

（二）浴缸

浴缸是一种水管装置，供沐浴或淋浴之用，通常装置在家居浴室内。现代的浴缸大多以亚加力（亚克力）或玻璃纤维制造，也有包上陶瓷的钢铁。近几年木质浴缸也渐渐在中国大陆盛行，主要以四川地区的香柏木为基材制造，因而也叫柏川木桶。旧式西方浴缸通常由防锈处理过（galvanized）的钢或铁制造。一直以来，大部分浴缸皆属长方形，近年由于亚加力加热制浴缸逐渐普及，开始出现各种不同形状的浴缸。浴缸最常见的颜色是白色，也有其他（例如粉色等）色调。多数浴缸底部皆有去水位，也在上部设有防满泄的去水位。也有一些则把水喉安装在浴缸边缘位置。

如果浴室面积较小，可以选择 1 400 mm、1 500 mm 浴缸或淋浴房；如果浴室面积较大，可选择 1 600 mm、1 700 mm 浴缸；如果浴室面积足够大，可以安装高档的按摩浴缸和双人用浴缸，或外露式浴缸。

浴缸也有不同的分类方法。

1. 按功能分

分为普通浴缸（图 2 - 10）和按摩浴缸（图 2 - 11）。

图 2 - 10　普通浴缸

图 2-11　按摩浴盆(左)和按摩浴缸(右)

按摩浴缸主要由两大部分组成,即缸体和按摩系统。

缸体部分材料多为钢材或亚克力;而按摩系统,由缸内看得见的喷头与浴缸后面隐藏着的管道、电机、控制盒等组成。按摩系统才是购买按摩浴缸的关键所在,也是一般人对按摩浴缸认知甚少的部分。

2. 按外形分

分为带裙边浴缸(图 2-12)和不带裙边浴缸(图 2-13)。

图 2-12　带裙边按摩浴缸　　　　　　　图 2-13　雅驰浴缸

带裙边的浴缸安装比较简便,要包含裙边、支架和下水。

裙边分单裙和双裙,单裙适合三面是墙的环境,双裙适合两面是墙的环境。

3. 按材质分

按材质可分为铸铁搪瓷浴缸、钢板搪瓷浴缸、玻璃钢浴缸、人造玛瑙以及人造大理石浴缸、水磨石浴缸、木质浴桶、陶瓷浴缸等。常用的有铸铁搪瓷浴缸、钢板搪瓷浴缸和玻璃钢浴缸。

(1) 铸铁浴缸

铸铁浴缸采用铸铁制造,表面覆搪瓷,所以重量非常大,使用时不易产生噪音(图2-14)。由于铸造过程比较复杂,所以铸铁浴缸一般造型比较单一而价格却很昂贵。

图 2-14　铸铁浴缸

　　铸铁浴缸由于浴缸壁厚,所以其突出特点是保温性能好,受到一部分非常看重保温性能的消费者的青睐,但实际上洗澡时浴缸的热量损失 90% 是通过水面与空气的热交换和热辐射散失的,只有 10% 的热量是通过缸体散失的;另外诸如注水噪音低,易清洁,耐酸碱及化学品,光泽度高等由于材质所塑造的种种特性成为亚克力等材质浴缸所不可逾越的优势。所以一般铸铁浴缸价格为亚克力浴缸的 2~3 倍。作为嵌入式浴缸,它们的安装程序步骤是一样的,只是铸铁浴缸要重得多,但是几乎可以一劳永逸,所以购买铸铁浴缸还是不错的选择。

　　铸铁浴缸的特性:铸铁和瓷釉是一种极其耐用的材料,以它为材质的浴缸通常可以使用 50 年以上,在国外不少铸铁浴缸都是传代使用的。铸铁浴缸的表面都经过高温施釉处理,光滑平整,便于清洁。铸铁浴缸价格比亚克力和钢板浴缸都要贵 2~3 倍,这也是在市场上难以普及的重要原因。

　　(2) 钢板浴缸

　　钢板浴缸是用一定厚度的钢板制成(图 2-15),表面镀搪瓷,不易挂脏,好清洁,不易褪色,光泽持久,而且易成型,造价便宜。但因钢板较薄,坚固度不够,噪声大,表面易脱瓷,保温性能不好,所以有的加了保温层。

　　特性:钢板浴缸坚固耐久,通常由厚度为 1.5~3 mm 的钢板制成,故较铸铁浴缸轻许多,表面光洁度相当高。

图 2-15　科勒钢板浴缸

　　(3) 木质浴桶

　　木质浴桶的材质有楠木、柏木、橡木、杉木、松木等(图 2-16)。楠木浴桶的综合性能最好,但市场上很少见到。松木、杉木浴桶容易受潮、发黑、发霉,综合性能较差,所以如果长期不用,要在桶内放些水。

图 2-16　木质浴缸

特性：由木板拼接而成，外部由铁圈箍紧，拥有木材的自然颜色和气味，有返璞归真的情趣。

（4）亚克力浴缸

亚克力浴缸市场占有率较大，亚克力材料表面为聚丙酸甲脂，背面采用树脂石膏加玻璃纤维。其优点在于，容易成型；保温性能好；光泽度佳；重量轻，易安装；色彩变化丰富。由于以上特点，亚克力浴缸造价较便宜。但相对陶瓷、搪瓷表面而言，这种材料的缺点是易挂脏，注水时噪音较大，耐高温能力差、不耐磨、表面易老化变色，但进口的亚克力缸质量相对好一些。

特性：以合成树脂材料亚克力为原料制成，质地相当轻巧。

（5）珠光浴缸

珠光浴缸是由一种高分子复合材料制成的，珠光材料在其背面，而后再有保护层及加强筋等材料，表层是采用进口原料制成的透明板，珠光层就附着在下面，是采用先进的胶衣技术，具有美观、闪亮光泽的效果。第三、第五层是由耐热性能好的合成树脂 FRP 层，第四层是浇铸树脂层。比以往的亚克力浴缸更具有质感和保温性，且该浴缸的强度相当高。

特性：表面光滑，且有珍珠般光泽，坚固耐用，保温性好，重量轻，易于安装（图 2-17、图 2-18）。

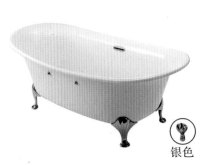

银色

PPY1806HPWN＃S(＃P)/PPY1806HPWG＃S(＃P)
PPY1806PWN＃S(＃P)/PPY1806PWG＃S(＃P)　珠光浴缸

＊TOTO公司保留对其产品规格和尺寸更改的权利。届时，恕不另行通知。

图 2-17　TOTO PPY1806PW/HPW 普通珠光浴缸

图 2-18　TOTO 珠光按摩浴缸

（三）淋浴房

卫浴设施大致经历了从木盆、铅桶到陶瓷浴缸，再到热水器的演进历史。而现在，一种新的潮流愈演愈烈，那就是在卫生间增配淋浴房。

淋浴房的出现与居住条件的改善有直接关系。目前有很多住宅在设计时已安排了两套卫生间，人们一般在其中的一间安装较为传统的浴缸，另一间则装置一间淋浴房，以便家庭成员各取所需。此外，由于卫生观念的改变，不少人认为淋浴要比盆浴更符合卫生，因此一些家庭即使只有一个卫生间，在装修时也是舍浴缸而取淋浴房。而专家们则认为：卫生间设置淋浴房，将洗浴设施与卫生洁具在空间上清晰地划分开来，从而突出了各自的功能，这是家居观念的一种进步。

从功能上来讲，目前市场上的淋浴房可分为三种：淋浴屏、电脑蒸汽房以及功能介于二者之间的整体淋浴房。淋浴房的价格是与功能成正比的，消费者可以根据自家卫生间的大小和实际需要选择。

1. 淋浴屏

这是一种最简单的淋浴房，它包括一个亚克力材料制成的底盆和铝合金、玻璃围成的屏风，主要是起到干湿分离的作用，以保持卫浴间的清洁卫生（图 2-19）。这类产品市面上既有固定的规格，也可以根据自家卫生间的尺寸定做特殊的规格。

图 2-19　淋浴屏

2. 电脑蒸汽房

国内最早的电脑蒸汽房是八九年前从国外引进的,价格在四五万至十万元之间。直到大量国产电脑蒸汽房出现,其价格的坚冰才逐步打破,使电脑蒸汽房最终飞入平常百姓家。

电脑蒸汽房一般由淋浴系统、蒸汽系统、理疗按摩系统三个部分组成。目前国产蒸汽房的淋浴系统一般都有顶花洒和底花洒,并增加了自动清洁功能。蒸汽系统主要是通过下部的独立蒸汽孔散发蒸汽,并且可以在药盒内放入药物享受药浴保健,以达到保健的目的。理疗按摩系统则主要是通过淋浴房壁上的针刺按摩孔出水,用水的压力对人体进行按摩。

电脑蒸汽房的功能可分为两部分。其中,蒸汽和淋浴是基本功能,另外还有两类附加功能:一类是与水相关的,包括背部按摩、脚底按摩、顶部大花洒按摩,有的还有座位按摩;另一类是与电有关的,主要包括臭氧消毒、收音机、无线接收 CD、电话接听、背景灯、报警系统等,有些更前卫的甚至将电视机也装了进去。目前,市场上还出现了双人电脑蒸汽房、带有按摩浴缸的电脑蒸汽房以及可湿蒸的蒸汽房(图 2-20、图 2-21)。

图 2-20　箭牌蒸汽浴房

AV007B

品名：电脑蒸汽淋浴房(湿蒸)
尺寸：L1 000×W1 000×H2 150 mm
Name：Computerized steamy house
Size：L1 000×W1 000×H2 150 mm

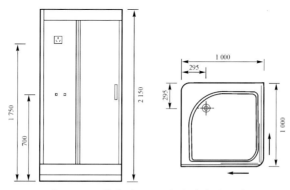

图 2-21　箭牌 AV007 电脑蒸汽淋浴房

3．整体淋浴房

整体淋浴房无论功能还是价格,均介于电脑蒸汽房和淋浴屏之间,其基本功能是淋浴,同时又具有全封闭的整体(图 2-22)。电脑蒸汽房全封闭的整体(非常适合冬天气温较低时的沐浴),同时舍弃了电脑蒸汽房复杂的多余功能,与淋浴屏相比,它又是整体的,安装方便,不需要预埋,同时配有花洒、龙头等淋浴设备以及一些小挂件,也有背景灯、排气扇等设备,有的产品还加有一点背部和脚底按摩的功能。

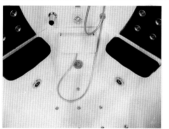

图 2-22　整体淋浴房

（四）木桶

木桶是用木材加工成的圆桶状的容器,广泛用于人类日常生活当中。按用途分为许多种类。用来挑水用的是水桶,一般采用轻质杉木加工而成。因为杉木不变形,材质适中,利于刨刮加工。用于装油漆的是油桶,但油桶加工工艺要求较高,要求壁薄而轻巧又耐用。用于工地装沙石混凝土材料的是灰桶,要求不高。还有用于农村打米用的米桶,还有古代用于取暖用的坐桶。以上这些在 20 世纪 80 年代后慢慢退出了市场。用来装酒的称为酒桶,一般采用橡木桶储存葡萄酒,可以让葡萄酒充分汲取橡木所含有的鞣花酸单宁、香兰素等精华,并可利于葡萄酒有控制、有节奏的氧化成熟。世界著名的法国、意大利等国的顶级酒庄葡萄酒均采用橡木桶陈酿而成。

随着市场对泡脚木桶的不断肯定,越来越多的优良木材被用于泡脚木桶的制造,其中尤以知柏苦木木桶最为有特色。苦木在《中华药典》中有收录,具有清热、祛湿、解毒的功效,常用于中药及复方药剂的生产。苦木具有天然抗菌作用。有专家做过实验,未经处理过的苦木制品,痢疾杆菌、伤寒杆菌、乙肝病毒完全不能存活。据来自外贸部门的信息表明,在日本、韩国和亚欧一些发达国家,特别注重苦木家具、苦木饰品、器具的开发。

1. 历史

木桶在中国使用的历史已经达到了几千年。在几千年前因为金属的冶炼技术不成熟,制造铜器的材质当时的选择是非常少的。木桶作为一种容器,是人们在生活当中必不可少的一种用具。

在木桶全盛时期,当时中华大地出现了非常专业的职业,那就是木桶匠。因为做木桶的技术含量相对来说比较高,一般的木匠是达不到要求的。只有技术比较好的木匠才可能去做箍桶匠。木桶在使用的过程中又经常地会遇到需要维修维护或者是处理,特别是漏水等的问题,就需要专门的箍桶匠去处理及维护。

随着中国文化向世界蔓延,木桶也随之走向全世界。在 1883 年或者是 1893 年,科勒公司生产出第一个柱体浴缸之前,全世界的人民洗澡都是用木桶,这个不仅仅是在中国,在欧洲及美洲都是如此。

2. 保养常识

木桶在完工后,含水率基本控制在 12% 左右,经白坯成型,用高分子环保树脂做深层防腐处理。产品出厂前经严格的质检,但是由于木桶材质的一些特性、地域差异与使用环境差别,所以需采用必要的养护措施。

（1）购买木桶三日内将木桶蓄三分之二桶水浸泡 8 小时,使其恢复正常含水率,可延长使用寿命(南方用户不需要)。

（2）正常情况每周使用一次。

（3）在冬季暖气较高的地区,每周至少要使用两次或蓄三分之二桶水浸泡 8 小时(在桶内蓄少量的一点水养护效果较差,特别是在北方气候干燥,尤其要注意)。

（4）如果使用时间间隔较长,建议北方用户只需要将木桶蓄三分之二桶水浸泡一天,即可正常使用。

（5）如果较长时间不用(10 天以上),请将水桶蓄半桶水浸泡一天后,用海绵浸水后放在桶内,并用桶袋将其包装密封,以保持木桶温度。

(6) 请不要把木桶放在太阳下暴晒或者被强风吹袭。

(7) 平时最好放少许清水,使其吸收水分,保持木质的饱和与湿润,但水不要过多,因为浴室本身就有一定湿度。注意不可留用洗浴后的脏水,以免木质吸收污水而加速老化或产生霉斑。

(五)马桶

马桶又称坐便器,指采用坐姿大小便时用并带有冲洗功能的器物。坐便器分为冲落式和虹吸式两大类。由于地理、生活习惯和历史的原因,冲落式坐便器主要在欧洲被广泛使用,虹吸式坐便器则在亚洲、美洲等被广泛使用,在中国,则是两者同时推广。

马桶的出现为人类的生活带来了极大的便利。为了满足各类人群的需求,马桶的设计也越来越美观实用,马桶的种类也在逐渐增多。按不同的分类标准分出来的马桶类别也不尽相同。著名的有西班牙的乐家(Roca)、德国的唯宝(Villeroy & Boch)、杜拉维特(Duravit)、英国的雅美(Armitage sharks)、美国的美标(American Standard)、科勒(Kohler)和日本的东陶(TOTO)等许多世界知名品牌。

欧洲卫浴中,雅美是纯粹欧洲风格最后的代表了,其坐便器是所有公司中古典风格比例最高的。乐家、唯宝与杜拉维特三家公司比较相似,混合和锐利风格所占比例最大,古典的比重则已经和其他公司相差无几,特别是乐家,已经完全抛弃了欧洲的古典风格。而用折中和简约的风格来征服各个地区的消费人群,是欧洲时尚设计的代表。

美国卫浴中,科勒依然代表着纯粹的美国风格,其宽大风格比例为 45.4%,而混合、古典和圆润三种风格所占比重比较相似,方正和锐利这两种时尚风格不受重视,依然在运用美国风格来面对市场。美标的情况则与科勒大致相似却又不尽相同,相似在于方正和锐利风格所占比重都排在最后;不尽相同在于其既保留了宽大的比例,却又比科勒更折中,混合和圆润的比重被大大提高,超过了宽大,是在用折中和一部分美国风格来面对市场。

日本卫浴中,东陶坐便器设计风格可以说是最接近美国的,宽大的比重超过了 1/3,另一个 1/3 则是混合,如果排除掉其锐利风格中因为卫洗丽(Washlet)电子盖板遵循日本电子产品的设计风格,那么其锐利与古典所占比重就相同了,可以说各项指标都与科勒最接近。但像东陶的卫洗丽那样大量运用塑料,从功能、技术、原理上改进甚至重新定义坐便器,还是一个十分值得我们注意的新趋势。从这一趋势中,我们才可以看到真正的日本设计风格和理念。

从各个风格的横向对比来看,宽大的代表是科勒;古典的代表是雅美;圆润的代表是美标;锐利的代表是杜拉维特;方正风格从比例和纯粹性上看其代表是杜拉维特,但略显死板,应该说美标将这一风格融合得更好;而混合风格则无法说是由谁来主导谁又是代表。代表日本设计风格的东陶在所有的对比中没有特别突出的地方,只在圆润中排名最低,显示出对这一风格的极不推崇。另外从整体来看,杜拉维特所有的产品中都带有大量的方正元素,乐家所有的产品中都带有大量的圆润元素。从坐便器的分类上也可以发现这一规律,绝大多数的宽大风格坐便器都是虹吸式的;相反,绝大多数的圆润、方正、锐利风格坐便器都是冲落式的;只有在混合和古典风格中,虹吸式和冲落式的比例大致均等。

各类马桶都有自身的优缺点,适应不同的使用环境和不同的人群,选购时根据不同的需求,选择最合适的马桶种类。

最常见的马桶分类方法有如下几种:

1. 按马桶类型分类

可将马桶分为连体式坐便器和分体式坐便器,这种分类的方法是最常见的马桶分类方法。

连体式坐便器(图2-23)是指水箱与座体合二为一设计,安装简单,烧制时工艺复杂,成品率低,价格较高;分体式坐便器是指水箱与座体分开设计、分开安装的马桶,维修简单,所以分体价格较低。

选购要点:选购时是选择分体式还是连体式,主要根据卫生间的空间大小而定。分体式马桶一般适用于空间较大的卫生间;连体式马桶无论空间大小的卫生间都能使用,造型美观,价格比分体式的相对贵一点。

2. 按排污方式分类

可将马桶分为后排式和下排式坐便器。后排式坐便器也叫墙排式、横排式坐便器,马桶大多靠墙安装,横排的坐便的排水口在地面上,安装时要用一段管子将坐便的排污口和地漏相连,这种坐便适合安装孔距不合适的卫生间使用,一些老的卫生间改造就可以用这种坐便器。若是排污接口在墙内,后排式马桶就要适用一些。

图2-23 连体式马桶

下排式(图2-24)又称竖排、底排,就是指排污口在地面。底排的坐便污水排放口在坐便器的下面,就是污水直接向坐便器下的地漏排放,安装时只要将坐便器的排水口与地漏对正就行了,常见的坐便器大都是这种。

3. 按马桶的安装方式分类

可将马桶分为落地式和挂墙式坐便器。

落地式马桶(图2-25)一般采用下排水设计,安装时直接固定在地面;挂墙式坐便器只有后排水设计,采用悬挂在墙上的安装方法设计。

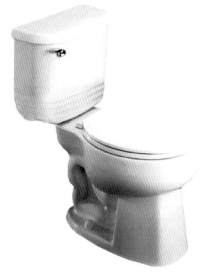

图 2-24　下排式马桶

图 2-25　落地式马桶

4. 按下水方式分类

可将马桶分为冲落式和虹吸式坐便器。

虹吸式和冲落式指的是坐便的冲水方式,一般横排的使用的是冲落式冲水(法恩莎横排也有虹吸式),冲落式坐便器是最传统的,也是目前国内中、低档座厕中最流行的一种排污方式。冲落式的原理很好理解,就是借助水的冲力直接将污物排出,过去常见的蹲便就是使用的冲落式。底排的使用的是虹吸式排水,虹吸式坐便器是第二代坐便器,它的原理是借冲水在排污管内形成虹吸作用将污物排出,这种冲水方式要求用水量必须达到规定的数量才能形成有效的虹吸作用,借冲洗水在排污管道内充满水后所形成的一定压力(虹吸现象)将污物排走(图 2-26)。

图 2-26　虹吸式马桶

喷射和漩涡都是指虹吸式排水。喷射虹吸就是普通的虹吸式,它和老式的虹吸还不太一样,喷射式虹吸坐便器的喷水孔在下水管道底部,喷水孔正对着排水口,喷射孔喷射大量的水并立刻引起虹吸作用,无需在排出座桶内污水升高到下主管平面。与老式虹吸相比,喷射式污水可从便桶中迅速排出;漩涡虹吸又叫静音虹吸,它与普通虹吸的主要区别是喷水口不是正对排水口,有的是与排水口并列,有的是从坐便器上部四周出水,达到规定水量形成漩涡然后排出污物。

低水箱和高水箱不用太多说明,大家都比较清楚。低水箱只有一挡排水量,有些高水箱有两挡排水量,从节约用水的角度考虑还是选择两挡排水的好。

（六）蹲便器

1. 蹲便器存水弯工作原理

存水弯的工作原理，就是利用一个横"S"型弯管，造成一个"水封"，防止下水道的臭气倒流。这个存水弯的高度取决于存水弯的型号，以及下水道水平干管的高度。如果水平干管比地面低得不太多，应该采用P形返水弯，可以用一截带承插口短管来配合安装高度，没有规定长度，使得水平管有坡度就行。这一段短管在蹲便器和返水弯之间。如果是楼房立管留出的接水口在楼板下面，或者干管的位置比较低，就应该采用S形存水弯，在蹲便器的下面用一截带承插口的短管补上高度差。总之，没有这个高度的严格规定，如果在装修时，蹲便器的地面起一个台阶高度，还得加上这个尺寸。

如今由于传统蹲便器存在安全隐患，人们对蹲便器有了新的需求，于是新发明了一种新兴"翻盖式蹲便器"（图2-27）。新兴、安全、环保、节水、防臭型翻盖式蹲便器的诞生，有效控制了几十年来传统蹲便器因便池滑倒、卡脚等安全事故，在高房价时代更好地利用了空间，同时具有美观大方等诸多便利，更是克服了经常因掉东西进便池而堵塞下水管道的难题！

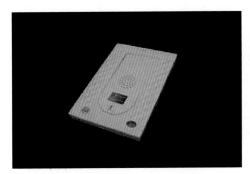

图2-27　翻盖式蹲便器

2. 蹲便器的分类

（1）根据外形不同分

可分为无遮挡蹲便器（图2-28）和有遮挡蹲便器（图2-29）。

图2-28　无遮挡蹲便器

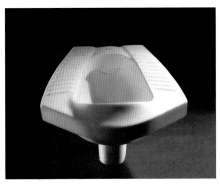
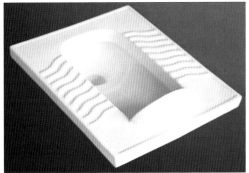

图 2-29 有遮挡蹲便器

（2）根据结构不同分

可分为有返水弯蹲便器和无存水弯蹲便器。

①有返水弯蹲便器：工作原理就是利用拐弯处，造成一个"水封"，防止下水道的臭气倒流。

②无存水弯蹲便器：旧式房屋中洗手间便器存在的异味问题，部分是结构上的原因。由于无存水弯，结构为直通式，气味直接回流；如果不改变结构，可在外买专用的防臭器，安装在蹲便器的出水口处，可以起到一定的防臭作用。

（七）小便器

小便器多用于公共建筑的卫生间（图 2-30）。现在有些家庭的卫浴间也装有小便器。按结构分为冲落式、虹吸式；按安装方式分为斗式、落地式、壁挂式。

图 2-30 小便器

1. 制造材料

由黏土或其他无机物质经混炼、成型、高温烧制而成。吸水率0.5%及以下的有釉瓷质，吸水率在8%～15%的有釉陶质。

2. 产品分类

（1）按结构分

分为冲落式小便器、虹吸式小便器。

（2）按安装方式分

分为斗式小便器、落地式小便器、壁挂式小便器。

（3）按用水量分

分为普通型小便器、节水型小便器、无水型小便器。

3. 规格

（1）用冲洗阀的小便器进水口中心至完成墙的距离应不小于60 mm。

（2）任何部位的坯体厚度应不小于6 mm。

（3）所有带整体存水弯卫生陶瓷的水封深度不得小于50 mm。

4. 设计选用要点

（1）注意水封深度

卫生洁具的水封隔臭，是一项卫生性要求。卫生陶瓷新标准中规定了"所有带整体存水弯卫生陶瓷的水封深度不得小于50 mm"，包括要求带整体存水弯的小便器和蹲便器。

（2）采用节水型产品

①在大中城市新建住宅中，禁止使用一次冲洗水量在9 L以上（不含9 L）的便器。

②市场上已有多种冲落式、虹吸式和喷射虹吸式节水便器通过节水产品认证，可供选用。

③普通型小便器冲洗用水量不大于5 L，节水型不大于3 L，同样应有合格的洗净功能和污水置换功能。小便器常与红外感应装置连用以实现节水。

（八）净身盆

装修新居，人们越来越舍得花钱。除了地砖瓷片、浴缸马桶、脸盆浴镜、龙头花洒外，也有人家把在五星级宾馆的总统套房浴室才有的净身盆也搬到家中。虽然这多少有点"小资"的调调，但引用一位朋友对家居的理解，那就是：要看一个人的生活质素，就看他家的卫浴间好了。净身盆或多或少可以算是一个标志。其实，净身盆在国外已经非常普遍，多数家庭都有安装。国内对净身盆的了解，却仅限于感官上的一种对模具的认识。

净身盆又名妇洗器，是专门为女性而设计的洁具产品。净身盆外形与马桶有些相似，但又如脸盆装了龙头喷嘴，有冷、热水选择，共有直喷式和下喷式两大类。其功能与加装在马桶上的洗便器不同，主要是为女士清洁私处而设（图2-31）。

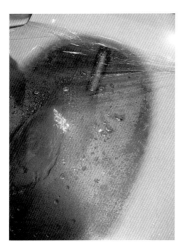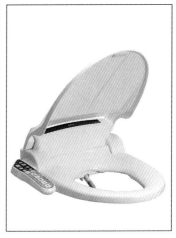

图 2-31　妇洗器

　　市面上妇洗器一般是根据牌子划分,不同品牌的产品,在功能性、配套、售后上略有不同。但事实上,妇洗器在普通大众中的普及率很低。原因主要有四:一是认识的人不多;二是洗手间面积不大;三是价格较高;四是安装需要进水与出水管道的配合。所以,净身盆的销售一般都集中在星级酒店装修的批量采购,零售量非常小。

（九）地拖盆

　　地拖盆是用于清洁地板的辅助工具,从用手拿破布洗地,到今天的高级地拖,它有一个和经济直接挂钩的发展史。现在的地拖,已经种类繁多了,生产的厂家和品牌也数不胜数。例如:微力达、思高、妙洁,等等(图 2-32)。

图 2-32　地拖盆

　　无论它的价钱、功能、品种如何多,有个最终选用的方法,就是根据你的地板选用最适合的地拖。例如:木地板和光面瓷砖的,可以选用海绵拖(那种带个夹水装置的);如果是水泥地,就用最简单的那种布条拖,经济耐磨;要是粗面瓷砖,可以选那种无纺布条地拖,加上个易拧干地拖桶;如果是宾馆地板,面积太大的,就可以选那些加宽加长的地拖。随着人们的需要,地拖总不断更新。

地拖盆安装如下(图2-33):

A. 将地拖盆与柱组合后,挪动到安装位置,用笔在墙体与盆边缘之间做出标记线,在地上锚出柱的安装孔。(注:做标记之前,要确保盆与柱接触已吻合。)

B. 通过测量,在完工墙上标记出挂钩的安装位置。

C. 小心将柱和盆移开,在墙上和地上钻孔,塞入膨胀胶粒,安装挂钩和螺杆。(注:钻孔前,必须用物品堵在地面上的下水口,预防杂物掉落坑管内,堵塞管路。)

D. 使地面上的螺杆穿过立柱的两个安装孔,套上垫片并拧紧螺母,把立柱固定在地上。(注:螺母不要惊得太紧,否则有可能损坏产品。)

E. 按照所购水件的说明书,安装好排水组件。

F. 使墙上的挂钩穿过盆的安装槽,将地拖盆栽立柱上。

G. 连接好进水管和排水管。

H. 在盆靠墙面,立柱与盆接触面,立柱与地面之间打上防霉硅胶密封。

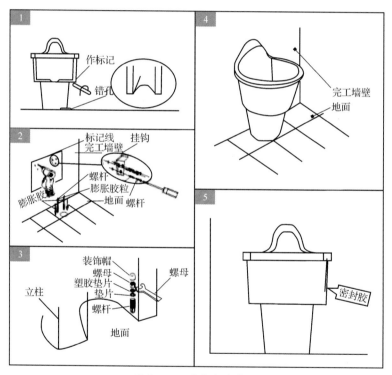

图 2-33   地拖盆安装图

(十)水龙头

水龙头是水的"指挥家",使用频率最高。水龙头有各种不同的形状和型号,以下是水龙头的分类。

1. 按材料分

可分为 SUS304 不锈钢、铸铁、全塑、黄铜、锌合金材料水龙头,高分子复合材料水龙头等类别。

2. 按功能分

可分为面盆、浴缸龙头(图2-34)、淋浴龙头(图2-35)、厨房水槽水龙头(图2-36)。

图2-34 浴缸龙头

图2-35 淋浴龙头

图2-36 厨房水槽水龙头

3. 按结构分

又可分为单联式、双联式和三联式等几种水龙头。另外,还有单手柄和双手柄之分。单联式可接冷水管或热水管;双联式可同时接冷热两根管道,多用于浴室面盆以及有热水供应的厨房洗菜盆的水龙头;三联式除接冷热水两根管道外,还可以接淋浴喷头,主要用于浴缸的水龙头。单手柄水龙头通过一个手柄即可调节冷热水的温度,双手柄则需分别调节冷水管和热水管来调节水温。

4. 按开启方式分

可分为螺旋式、扳手式、抬启式和感应式等。螺旋式手柄打开时,要旋转很多圈;扳手式手柄一般只需旋转90°;抬启式手柄只需往上一抬即可出水;感应式水龙头只要把手伸到水龙头下,便会自动出水。另外,还有一种延时关闭的水龙头,关上开关后,水还会再流几秒钟才停,这样关水龙头时手上沾上的脏东西还可以再冲干净。

5. 按阀芯分

可分为橡胶芯(慢开阀芯)、陶瓷阀芯(快开阀芯)和不锈钢阀芯等几种。影响水龙头质量最关键的就是阀芯。使用橡胶芯的水龙头多为螺旋式开启的铸铁水龙头,现在已经基本被淘汰;陶瓷阀芯水龙头是近几年出现的,质量较好,现在比较普遍;不锈钢阀芯是最近才出现的,更适合水质差的地区。

(十一)花洒

1. 按照造型分

(1) 手持花洒

沐浴时可以拿在手中,随意冲淋身体的花洒,不使用时可以将其固定在支架上(图2-37)。

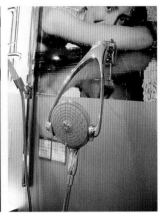

图2-37 手持花洒

(2) 头顶花洒

将花洒支架固定在墙上,使花洒处于头顶位置(图2-38)。它的支架不像一般的手持花洒那样具有升降功能,可以进行高度调节,但一般都可以调节花洒头的出水角度,还可以避免杂乱的管线,使浴室颇有整洁感。更重要的是,除了安装花洒这一位置外,其余的墙面空间又可以发挥创意,加以利用。

图2-38 头顶花洒

（3）侧喷花洒

通过对身体进行水流喷射，起到清洁、按摩的作用，有多种安装位置和喷射角度。侧喷花洒有的如手持花洒的花洒头一样，只不过是安装在墙上。也有竖立式的花洒，通过支架固定在墙上，市面上的侧喷花洒并不多。

（4）淋浴板

当这三种功能花洒还让你觉得不尽如人意的时候，那么整合这三种淋浴功能于一体的淋浴板（图2-39）应该可以使贪图酣畅的心为之驻足。淋浴板的全部喷头一齐开动时，畅游冲淋带来的全身心舒张运动也就开始了。除此以外，淋浴板丰富多样的充满设计感的时尚造型，也是吸引眼球的另外一个原因。

图2-39　淋浴板

2.　按出水方式分

（1）普通式（雨淋式）

出水可以借由多个出水孔，形成许多出水面，从不同的出水角度营造大面积的雨淋般效果，从而享受沐浴的酣畅淋漓（图2-40）。

图2-40　雨淋式花洒

（2）按摩式

通过使花洒转轮腔里少量的水流集中起来，然后以一定的间隔喷洒出去，形成按摩水流（图2-41）。按摩式水流出水强劲，这种脉冲水流可以刺激身体的每个穴道，起到舒筋活血的作用，兼具按摩和提神效果。

（3）柔和式

混合腔内水流和空气混合形成的柔和水珠状水流，这种水流特别适合洗发（图2-42）。

图 2-41 按摩式花洒

图 2-42 柔和式花洒

（4）单注式

出水时水流从同一出水管中流出，水流集中但不失柔和，皮肤有微麻微痒的感觉，多用于清醒头脑，使全身充满活力，起到增强身体免疫力的作用。

（十二）卫浴挂件

1. 分类

卫浴挂件一般是指安装在卫生间、浴室墙壁上，用于放置或挂晾清洁用品、毛巾衣物的产品。一般为五金制品，包括：衣钩、单层毛巾杆、双层毛巾杆、单杯架、双杯架、皂碟、皂网、毛巾环、毛巾架、化妆台夹、马桶刷、浴巾架、双层置物架等。

2. 材质

卫浴配件用品既有铜质的镀塑产品，也有铜质的抛光铜产品，更多的是镀铬产品，其中以钛合金产品最为高档，其次为铜铬产品、不锈钢镀铬产品、铝合金镀铬产品、铁质镀铬产品乃至塑质产品。选购时要注意鉴别。

3. 镀层

卫浴挂件用品的框架表面镀层，如今除少数采用镀塑外，大多采用抛光铜处理，更多的是采用镀铬处理。在镀铬产品中，普通产品镀层为 $20~\mu m$ 米厚，时间长了，里面的材质易受空气氧化，而做工讲究的铜质镀铬镀层为 $28~\mu m$ 厚，其结构紧密，镀层均匀，使用效果好。

4. 安装

（1）浴巾架

主要装在浴缸外边，离地约 1.8 m 的高度。上层放置浴巾，下管可挂毛巾（图 2-43）。

图 2-43 各种浴巾架

（2）双杆毛巾架

可装在卫生间中央部位的空旷的墙壁上。单独安装时，离地约 1.5 m（图 2-44）。

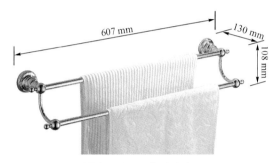

图 2-44 双杆毛巾架

（3）单杆毛巾架

可装在卫生间中央部位的空旷的墙壁上，离地约 1.5 m（图 2-45）。

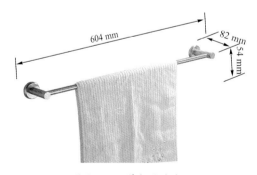

图 2-45 单杆毛巾架

（4）单杯架、双杯架

一般装在洗脸盘双侧的墙壁上，与化妆架成一条线，多用于放置牙刷和牙膏（图 2-46）。

图 2-46 杯架

（5）马桶架

多装在马桶后侧方的墙壁上，杯底离地约 10 cm（图 2-47）。

图 2-47 马桶架

（6）肥皂网、肥皂烟灰缸

多装在洗脸盆双侧的墙壁上，与化妆台成一条线，可与单杯架或双杯架组合在一起。肥皂网也可以装在浴室的内墙上，以方便沐浴。肥皂烟灰缸多装在靠近马桶的一侧，方便掸烟灰。

（7）单层置物架（化妆架）

安装在洗脸盆上方、化妆镜的下部，离脸盆的高度以 30 cm 为宜。

（8）双层置物架（化妆架）

多安装在洗脸盆双侧。

（9）衣钩

可安装在浴室外边的墙壁上，离地应在 1.7 m 的高度，用于在沐浴时挂放衣服。也可多个衣钩组合在一起使用。

（10）墙角玻璃架

主要安装在洗衣机上方的墙角上,架面与洗衣机的间距以 35 cm 为宜。用于放置洗衣粉、肥皂、洗涤剂之类;也可安装在厨房内的墙角上,放置油、酒等调味品。可视空间位置组合安装多个墙角架。

(11)纸巾架

安装在马桶侧,用手容易够到且不太明显的地方。一般以离地 60 cm 为宜(图 2-48)。

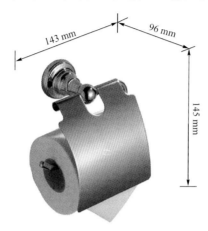

图 2-48　九牧纸巾架

(十三)肥皂盒

肥皂盒是一种放置肥皂、香皂的容器,一般置于卫生间等场所。

1. 按材质分类

可分为塑料肥皂盒、实木肥皂盒、陶瓷肥皂盒、不锈钢肥皂盒、铝合金肥皂盒、玻璃肥皂盒等。

(1)塑料肥皂盒:是指用塑料制作的肥皂盒(图 2-49)。

图 2-49　塑料肥皂盒

(2)实木肥皂盒:是指用实木制作的肥皂盒(图 2-50)。

图 2-50　实木肥皂盒

（3）陶瓷肥皂盒：是指用陶瓷制作的肥皂盒（图 2-51）。

图 2-51　陶瓷肥皂盒

（4）不锈钢肥皂盒：是指用不锈钢制作的肥皂盒（图 2-52）。

（5）铝合金肥皂盒：是指用铝合金制作的肥皂盒。

（6）玻璃肥皂盒：是指用玻璃制作的肥皂盒（图 2-53）。

图 2-52　不锈钢肥皂盒　　　　　　　图 2-53　玻璃肥皂盒

2. 按款式分类

可分为吸盘式肥皂盒、带盖式肥皂盒、皂碟等。

（1）吸盘式肥皂盒：带强力吸盘，可吸附在浴室墙面、玻璃、瓷砖上，灵活便捷。

（2）带盖式肥皂盒：肥皂盒带有盖子，将肥皂放在其中可有效防潮防尘。

（3）皂碟：设计成碟子形状的肥皂盒。

二、卫浴产品的发展及特点

卫浴产品是现代文明的产物,它是随着整个人类文明的发展而同步进行的,"现代马桶之父"杰宁斯断言:"一个民族的文明程度可以通过其居家陈设及卫生器具加以衡量。"随着人类的智力、文化和社会化方面不断向前推进,卫生制度也取得了缓慢而细微的进展。当人类在制度上对某方面的事情加以确定,就充分说明这些事情对人类造成过强烈的困扰或者严重的伤害,为了避免这些困扰和伤害,人们会对这些事情加以明确的定性,改善环境、改进产品进而逐渐产生一些制度甚至是法律。卫浴产品的发展及各历史时期的特点总结如表2-1所示。

表2-1 卫浴产品的发展及特点

时间	时代	卫生洁具	洗浴产品	人性化设计的描述
1850年之前	产品手工业时期	1. 中世纪早期,粗糙的陶制或锡制壶罐; 2. 16世纪中国的瓷器传入欧洲,改变这种器物的形状和材质; 3. 中世纪末期,封闭式马桶。 4. 1597年英国贵族约翰·哈灵顿勋爵设计出他的"埃阿斯"的冲水便器; 5. 17世纪的封闭式便桶。 6. 1775年英国钟表匠亚历山大·卡明斯获得了第一个关于抽水马桶专利	1. 公元前3世纪,哈拉帕人在城市中心建造了一个巨大的浴缸,表现出他们对清洁的尊崇; 2. 18世纪初,金属质地的浴缸开始流行,以红铜做缸体表面镀锡或镀银; 3. 在18世纪晚期,出现了著名的木鞋浴缸	1. 产品处于手工业制造时期,机器生产处于萌芽阶段; 2. 更加关注产品造型的艺术性,功能意识相对淡薄,卫浴设施还不被人接受; 3. 人性化观念和人性化设计还没有形成
1850—1900	工艺美术时期	1. 托马斯·杜艾福在马桶的外观设计上用瓷质; 2. 杰宁斯发明的虹吸管系统成为现代马桶的范本; 3. 1861年,美国标准公司在美国新泽西州成立; 4. 1870年马桶传入美国; 5. 1884年,克拉普尔发明了"无阀节水器"和抽水拉放系统	1. 19世纪末新材料铸铁在英国出现,"铸铁浴缸"被制造出来,并且改变浴缸直角的转折和表面的不光滑; 2. 科勒公司成立于1873年制造第一个"马槽"式浴缸; 3. 19世纪80年代英国的善可牌独立浴缸确定浴缸形态; 4. 1883年,约翰·科勒制造了第一只科勒浴缸	1. 机器生产走入人类社会,对整个社会意识造成巨大冲击; 2. 卫浴产品在这个时期不断被创造出来,产品设计有了发展,但仅仅处于产品制造时期; 3. 人性化观念和人性化设计还没有形成

续表 2 - 1

时间	时代	卫生洁具	洗浴产品	人性化设计的描述
1900 — 1930	工业美学时期	1. 1900 年科勒搪瓷制品开始生产搪瓷架、坐便器、小便池和喷水龙头； 2. 1908 年科勒开发生产了供应医院、疗养院和公众场所使用的卫生产品系列； 3. 1917 年东陶（TOTO）创立； 4. 1926 年科勒推出二十年后普遍流行的电洗涤盆； 5. 1927 年科勒开始生产釉瓷材料的坐便器、洗涤盆	1. 1911 年，科勒开发出整体铸造的搪瓷浴缸、脸盆和厨盆； 2. 1927 年，科勒研制出彩色搪瓷卫浴用品	1. 机器美学时代，现代设计的形式派，注重机器加工； 2. 卫浴产品在这个时期注重设计和科技的结合、新材料的研发，产品设计有了一定发展； 3. 人性化观念和人性化设计萌芽产生
1930 — 1980	现代设计时期	1. 1948 年科勒开始推广居室底楼的"盥洗室"概念； 2. 1965 年科勒第一家推出色彩艳丽的洁具产品； 3. 1974 年科勒推出了系列"WellworthWater-Guard"节水马桶	1. 20 世纪 30 年代，设计师勒内·埃尔伯斯在 1934 年秋季展会上展示了他关于船上卫浴间的设计引起轰动； 2. 1934 年，汉斯格雅第一个浴缸下水问世并申请到专利； 3. 1953 年，汉斯格雅推出世界上第一支可调壁装淋浴杆； 4. 1968 年，汉斯格雅 Selecta，世界首创的可调式手持花洒问世； 5. 1974 年，汉斯格雅制造出了世界上第一只具有三种喷淋方式的花洒	1. 现代主义从发展到兴盛到不适应社会的需求，产品功能和形式的关系是设计的主题； 2. 卫浴产品逐渐注重人的因素，产品的舒适、安全、美观是卫浴产品的中心； 3. 人性化观念和人性化设计大发展时期，以人为中心的观念被逐渐重视
1980 — 现在	电子科技时期	1. 1980 年 TOTO 销售温水洗净便座； 2. 1999 年 TOTO 开发了"智洁技术"并开发卫洗丽自动马桶； 3. 2005 年美标的全球领先的 Champion 超创技术——超级冲水马桶； 4. 2006 年美标推出了 4.8 升的超级省水马桶； 5. 2008 年美标不断创新，推出 3/4.5 L 节水马桶	1. 1980 年 TOTO 制造适合老年人使用的浴缸（最早适老使用的商品）； 2. 1987 年，汉斯格雅 Quiclean 设计花洒清洁功能并获专利，目前最好的清洁系统； 3. 1993 年，汉斯格雅推出不锈钢混水球技术； 4. 1995 年，汉斯格雅全新概念的全自动清洁手持花洒问世； 5. 2002 年 TOTO 研制出"水与电子相结合"的技术； 6. 2007 年科勒 DTV 智能恒温数字淋浴系统	1. 以计算机为代表的科技迅猛发展，带动产品功能的飞跃； 2. 卫浴产品设计以人和科技之间的关系为基础的设计是卫浴产品的设计中心； 3. 人性化观念和人性化设计被发扬光大，产品的一切设计始终以人为中心

第三章
接触卫浴产品设计

　　已逾古稀之年的日本设计大师黑川雅之先生说："好的设计是一首能触摸的诗。"他把数十年对建筑、设计的理解用这样一句具有浪漫色彩的话表达出来，令人回味。黑川雅之成功地将东西方审美理念融合为一体，被誉为开创日本建筑和产品设计新时代的人物。他认为设计的定义是经济、技术、生活、流通以及美学等因素相结合的综合行为。作为具有高等生物性的人类设计生产的产品及建筑空间相互接触，没有理由就会被感动或愉快，"能使人心情平静的设计"和"让人兴奋的设计"最能打动人。人的心有"消除不安"和"满足愿望"的期待，而设计应该能像首诗一样将两者呈现出来。触摸消费者的心，帮他（或她）实现心中对一个产品期待的愿望。

　　每个人的愿望都是不一样的，消费者会根据自身的需求去选择产品。普遍来说男性和女性对同一类产品的心理模型是完全不同的。例如：一个面盆水龙头，青年人和中年人的选择是不同的，富人和穷人的选择是不同的，城市人和农村人的选择又是不同的。因此产品设计的定位至关重要，设计师必须要明白设计的产品是针对哪些对象。图 3-1 所示各种各样的水龙头琳琅满目，每种水龙头都可以代表一个性格的产品，设计师根据不同的产品定位设计出不同类型的产品。

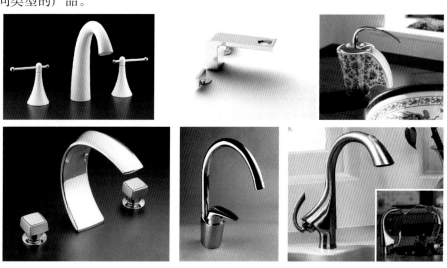

图 3-1　各种形态的水龙头

　　单纯设计一个产品的外形是不能满足消费者需求的,设计出的产品进入市场流通便是商品,是为人服务和满足使用者某些方面的需求的,产品销售的数量虽然不能完全代表产品设计的好坏,但是必然是最为重要的一个指标。每一个卫浴品牌为了丰富其产品线,都会有数个甚至十几个系列的产品,这样做的好处就是消费者有更多的选择。

　　世界顶级卫浴品牌杜拉维特(Duravit)2012年推出的"darling"系列为简约造型设计,自然清新,突出杜拉维特贴近自然、环保、贴近人们生活的理念(图3-2)。这一系列由多件产品构成,包括面盆、马桶、龙头、卫浴储物、浴缸等产品,并且有多种材质和色彩方案,由著名设计组织 SIEGER DESIGN 设计。

图3-2　Duravit "darling"系列卫浴产品

　　从杜拉维特(Duravit)的"darling"系列产品可以看出优秀卫浴产品品牌对于产品设计和品牌运作之间的关系是如何调配和处理的;聘请世界顶级的设计师或设计团队设计出最为优秀的产品,借助品牌的力量把企业的知名度做好,企业盈利后再去设计更优秀的产品,如此形成一个良性循环。对于有能力消费的受众,在选择卫浴产品的时候,由小到大选择同一系列是不错的选择。设计师不但设计了产品,还设计了卫浴产品之间的组合以及卫生间的

布置。此可谓一举多得,把设计的商业性发挥到极致。

一、造型因素

卫浴产品的形态因素是卫浴产品设计的第一因素,产品的形态刺激人的第一感官,可以在极短暂的时间内打动消费者,从而激起人们购买的欲望。卫浴产品的形态在现如今卫浴市场中可谓百花齐放、众彩纷纭。从整体形态来看有直线型、圆弧型、流线型、仿生型,可谓形态多样。从细节上看有大圆角、小圆角、切割形、植物形等等。因此当代设计师想设计出一个能打动人的形态是非常困难的,必须仔细地站在消费者角度去审视产品,设计不能盲目展开,站在生产商的角度去审视设计作品的可持续性与环保性,最后才能回归到设计师的角色上,客观冷静地进行设计工作,如此才是一个有职业精神的设计师。

不论浴缸、面盆、淋浴间,还是一个小小的水龙头,要从外形吸引眼球,比如给洗面盆披上水晶"披肩",将时尚元素跟卫生洁具"嫁接",这一创意,就让女性们招架不住了。让脸盆变出花般造型,变出如霓裳般的色彩,还有的则从线条上来吸引视线,像流水一般的曲线,或像月牙一般的弧度,为的都是让你有曼妙的联想,然后有"浴"的冲动。

(一)几何硬朗风格

在今天的卫浴市场中,几何硬朗风格受到人们极大的推崇,"已经成为现代设计理念的一个标志性符号"。极简主义风格开始梳理曾被人们遗忘的卫浴空间。

然而,这种极其简洁硬朗的直线条造型,为什么会成为时尚的代言、前卫的符号呢?我们可以从现代社会的社会特征和人的心理学角度去理解。现代社会物质发达、文化丰富,这是中性的表达,换个角度我们会理解为:忙碌、繁复、冗杂、凌乱、多样、利益、纠葛、竞争、加班、塞堵等等,那么人们就会从内心产生一种有意识或者无意识的互补性思想追求,那就是:简洁、清新、直截了当、纯洁等等与现实具有互补性的风格追求。

在现代社会中,人们参与社会的工作,视野环境疲劳是极其普遍的现实,面对做不完的事情、看不完的文件书籍、理不清的人情往来、寒心的利益纠葛、交通拥挤、满目的高楼林立等等。这些营造了一个使人无论生理还是心理方面都倍感疲劳的气氛,而使人们努力去寻求解脱。这样就要求设计师从卫浴产品的形态、语言着手,用极其简练的线条塑造原本扭曲复杂的产品,从可以实现的角度来缓解人们的压力,满足人们的心理愿望。这种有意识的降低环境的疲劳度的做法是相当成功的,市场证明了这一点,并且得到了现代人们的极力推崇。

然而问题都是双面性的,极简的设计风格又存在对人的体贴度不够、过于生硬等等问题。对于空间较大的卫浴环境而言,营造体贴环境而使用硬朗线条的卫浴产品进行布置是可行的。可以增添软性织物、绿色植物等等加以调节。但是小的卫浴空间就很难兼顾两方面的需求。虽然如此,极简主义、硬朗线条的卫浴产品仍然受到人们极力的推崇,成为现代语言的一种形式表达。

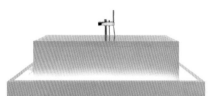

图 3-3　几何硬朗风格

从图 3-3 中列举的产品中我们可以发现,硬朗简洁的设计风格,大胆使用直挺的线条,加以玻璃材质与陶瓷组件、钢材组件的搭配,使得产品干净利落,清新舒畅,让人耳目一新。

（二）圆润柔和的风格

圆润柔和的设计风格一直是人们对卫浴产品的直接想象,人们从未排斥过这种极具亲和力的风格。

自然界多以柔和形态存在,人的身体本身也是柔顺曲线形态,另外,从源于自然的母性关怀中,我们也可以体会到,柔和的形态所带有的巨大亲和力,这些都使得人们对圆润风格的喜爱成为与生俱来的。从社会因素的角度分析,同上所述,针对忙碌、紧张的工作,面对纷繁复杂的物和事,人们自然会去寻找一种关怀,寻求一种贴身的形态关怀。

另外,卫浴产品本身的使用特征也决定了人们对圆润风格的喜爱。卫浴产品多为贴身使用,和人的身体直接接触,这就涉及硬质材料如何削减其带来的距离感,柔顺化的曲线自然成为人与卫浴产品之间的协调者,使得人们放松地沉浸在舒适的洗浴环境中。从图 3-4 列举的图片中我们可以看到,圆润可人的形体确实柔化了整个卫浴空间。

图 3-4　各种圆润形态的卫浴产品

（三）古典装饰风格

很多的品牌当中都包含有这样的一个系列，即：将古典的设计符号融入现代洁具的设计当中。古典的西方柱文化、极具装饰的纹理、东方的图腾符号等等元素的使用，使得卫浴产品的设计丰富多彩。选择古典主义的装饰风格大多是使用者的一种精神寄托，是一种对过去时光的主动追忆。这种风格的使用需要有一个与之配套的整体环境，一般需要空间开阔、室内装饰相对繁复、颜色相对沉重的环境。

从图 3-5 中我们可以看到，古典样式的应用、浓重色调的使用，使人们沉浸在历史的回忆当中，开始对逝去岁月追忆回想，整体的氛围显得凝重而踏实。

图 3-5　古典装饰风格

法国 THG 水龙头是卫浴品牌里的"爱马仕"，法兰西我行我素的风格，造型华丽高贵，每次都大胆融入各种极尽奢华的装饰元素，将法国古典奢华风进行到底（图 3-6）。THG 龙头就像是从欧洲中世纪走出来的贵妇，法国著名设计师 Pierre-Yves Rochon（皮埃尔·伊夫罗雄）在法国顶尖名瓷 Bernardaud 上绘制银色卷草纹样金箔锦缎图案，精湛新颖的制作工艺与龙头完美

结合,打造优雅的气质、历久弥新的瓷艺风华,大胆奢华的装饰风格令人爱不释手。

图3-6 法国THG水龙头

(四)卫浴产品造型的安全性

卫浴产品的形状必须安全,符合国家标准。由于人在使用卫浴产品时是处于没有衣服保护、皮肤会直接接触的状态,因此形状要素必须满足以下几个方面的条件:

(1)卫浴产品整体的形状不能有尖利、锋锐的角、边、棱,整个产品的接触面要圆润或做过修边处理。

圆润的有机造型产品在陶瓷产品中非常多见,始终是卫浴产品的主流风格,因为其柔和的外形能够非常自然地与陶瓷材料特质结合,也吻合大众对私人洗浴空间的情感需求。设计师能够在有机柔和的外形中给产品带来新意,并且关注贴近我们的现代生活方式和生活品位。犀利的直线形态使人感受到时代的脉搏和快速的节奏,深受都市年轻人喜爱,但是直线型的卫浴产品必须要特别注意角、边、棱的处理,防止使用时受到意外伤害。直线形态的优秀设计,既体现出直线型的感受,又非常关注细节的设计(图3-7)。

图3-7 直线形态的产品

(2)卫生洁具如马桶、妇洗器等产品边缘要圆润(图3-8)。

图3-8 边缘的圆化处理

由于要和人体的背体面直接接触,人的视觉无法直接进行测距,所以必须进行圆滑处理,以防止不可测带来的伤害。此外卫浴产品的控制键的形状不能有尖锐的突起,防止割伤,特别是对老人和儿童,从通用的角度考虑控制键的形状必须安全。

(3) 浴缸的外形避免过多的转折,防止撞伤;内形要圆滑,防止皮肤接触时被割伤;底部的防滑设施形状要合理(图 3-9)。

图 3-9 浴缸、马桶的形态

(4) 面盆的边缘要做处理,面盆台的边角避免尖锐。

(5) 龙头和淋浴花洒以流线形态为主,手柄和龙头开关的形态符合人的生理构造,要做必要的防滑处理(图 3-10)。

图 3-10 水龙头的形态

(6) 浴室收纳产品设计要避免螺丝钉、挂钩、挂杆、收纳板等部件的不安全因素,避免尖利形状的出现。当必须有尖锐形态出现时,应注意放在人不容易接触或触碰到的位置,避免使人受到伤害。图 3-11 所示厕纸和收纳隔板连为一体,既美观又注意隐藏尖锐的部分,不失为一个恰当的设计。

图 3-11 浴室收纳产品

二、功能因素

卫浴产品的功能因素是卫浴产品人性化设计的第二因素,产品的功能必须准确、恰当,不能一味地累加功能,功能的设定必须使消费者在使用时感到安全、方便、易用。

我们的近邻同时也是我们的竞争对手的日本,其卫浴公司在功能创新方面远远超出中国。近三年他们仅在坐便器功能革新上就先后推出了具有自动开关、五档洗净功能坐便器卫浴洁具产品。在使用中,新型卫浴洁具能够完成满足强力冲洗、超强冲洗、柔和冲洗、按摩冲洗、喷射冲洗以及气泡冲洗等六种功能,新产品很显然凝聚有许多高科技的元素,因此能够实现多种功能的冲洗、洗浴与按摩。

例如图3-12所示的一款超小型的全自动卫浴洁具产品,其造型简洁,外形线条流畅,体积又非常小,方便于现代化西方国家的单人使用。该小型全自动卫浴洁具,比较全面地配备了防污、超级杀菌、正负离子群及节水技术等功能,且能够实现自动开关。下面有可以脱卸的便盖,能够避免过去不易洗净等麻烦,使用非常方便。日本卫浴洁具上安装了先进的感应器装置,可以实现全自动冲洗,减去了过去依靠人工控制的方法。一方面达到节水的目的;另一方面,由于安装了正负离子发生器,还能够通过清洁空气,改善卫生间内的空气质量,使卫生间环境更为清爽、清新。

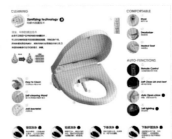

图3-12　智能洁具

功能因素必须具备以下条件:

(1)浴缸的功能设定不能太过繁琐,功能设置区域尽量集中,对于特殊功能如水流冲击、人工波浪等功能,操作应简便、快捷。

(2)马桶的智能化是现在主要的发展趋势之一,由于附加了很多功能,所以特别容易造成操作的不便,因此,设定这些功能时控制键的设计尤为重要。如图3-13所示,智能马桶控制键设计,主次分明,有图形、文字两部分说明。

图3-13　智能马桶控制键

（3）龙头和淋浴花洒要做必要的防滑处理，由于二者都要控制热水，所以对于水温的控制很重要，防烫伤、水恒温，如科勒 DTV 智能恒温数字淋浴系统。随着人们对卫浴空间的要求越来越高，家里也要有个"SPA"（水疗）浴缸（图 3－14）的呼声高涨，相关的置办费用也水涨船高。按摩浴缸逐渐成为家庭的新时尚，在功能设计上花样百出，有单人的、双人的，有方形的、弧形的、圆形的、扇形的，而且配件众多，价钱也不菲。以带电脑控制的按摩浴缸为例，底部是贴合人体曲线的设计，有数个按摩喷头和防水灯，配有浴枕，有的还有收音机功能，并可以连接 CD 唱机。这些繁杂的功能，都由浴缸上的防水电子面板控制。

 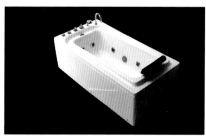

图 3－14 "SPA"浴缸

（4）面盆的防溅功能和防阻塞功能很重要，因此面盆在接受水流冲击时应该有防溅的设备和措施，下水口的设计尽可能减少结构的复杂程度。

（5）增加卫浴空间的娱乐功能，防止卫浴时的孤独感和紧张感。新型电脑控制卫浴产品（图 3－15），除了具有除臭、柔光功能之外，还配备音乐播放等人性化设计元素，在卫浴产品上安置有可供娱乐的设施。消费者在如厕时可同时欣赏自己喜爱听的音乐节目，完全可以根据自己的爱好，使用一张 SD 卡，依靠遥控器挑选自己爱听的音乐节目。由于安装了自动光控制器，即使晚上如厕也无需开灯与关灯，自然会有柔和的光线为夜起者随时方便照明。

图 3－15 卫生间和浴室的新定义

（6）设计功能集中的换气、除湿功能的产品，增加健康的因素。安装正负离子发生器，还能够通过清洁空气改善卫生间内的空气质量，使卫生间环境更为清爽、清新。

三、合理尺度

合理的尺度是卫浴产品设计的第三因素,合理的尺度就意味着产品设计必须符合人机工程学的尺度原则,产品尺度设定时必须准确定位使用者的人群划分。合理的尺度主要是指合理的空间尺度和产品尺度,合理的尺度必须满足以下几个条件:

(1) 合理的空间尺度即产品的整体尺度符合卫浴空间的空间划分。例如:卫生洁具的设置要充分适合人体功能的需求。同时布局时要呈平行势,浴缸尺度最大,应靠尽端布置,坐便器中心一般要求与周边浴缸保持60 cm以上距离。必须要留出一定的活动空间,洗手台、坐便器选择体积较小的。淋浴要靠墙角设置,淋浴器可以线形淋浴板或简易花洒。另外,可利用浴室镜达到扩大小空间的视觉效果。当然如果您的卫浴足够大的话,通常都会拥有一个浴缸和其他的洁具,这时虽然不需要考虑太多的空间布局,但合理的布局充分利用空间是有必要的。表3-1显示了卫生间的空间和洁具的配比。

表3-1 卫生间的空间和洁具的配比

住宅类型	卫生间数量	主要卫生器具	卫生间面积/m²
经济型住宅	单卫生间	淋浴、坐便、洗脸盆	2.5~3
		浴盆、坐便、洗脸盆	3~3.5
中档住宅	双卫生间	客卫:淋浴、坐便、洗脸盆	2.5~3
		主卫:浴盆兼淋浴、坐便、台式洗脸盆、冲洗器	5~6
高档住宅	双卫生间	客卫:浴盆兼淋浴、坐便、台式洗脸盆	3.5~4
		主卫:浴盆兼淋浴、坐便、台式洗脸盆、冲洗器	5~6

(2) 面盆的尺度中,长、宽、高的尺度必须符合人的手臂的尺度和工作范围。面盆的深度设定合适,防止溅水的问题大多和面盆的深度有直接关系。面盆通常考虑的尺寸见图3-16。

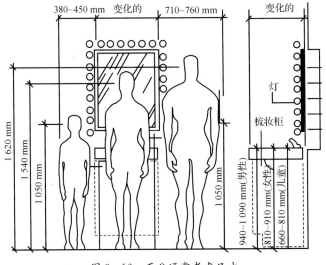

图3-16 面盆通常考虑尺寸

（3）浴缸和淋浴间的尺度符合人体测量的尺度和人的活动习惯。浴缸的深度设定合适，避免不同个体洗浴时发生溺水的危险。浴缸的大小要和卫生间的面积相宜，较小的卫生间可以选择小而深的浴缸。图 3－17 显示了浴缸的尺寸设定。图 3－18 显示了淋浴房的尺寸设定。

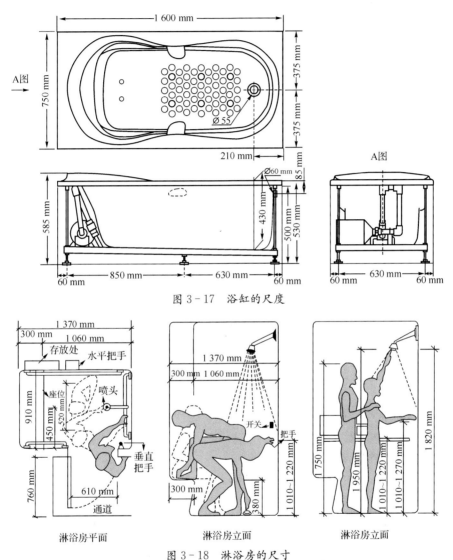

图 3－17　浴缸的尺度

图 3－18　淋浴房的尺寸

（4）水龙头和淋浴花洒的尺度设计符合人手持操作的需求，手柄的长度要适中。控制按钮尺寸大小合适，并且考虑到人紧急时候的保护尺度。

（5）马桶的尺度要考虑最大值和最小值之间的尺寸跨度，符合人机工程学中适用人群的范围。图 3－19 显示了坐便器的尺寸。

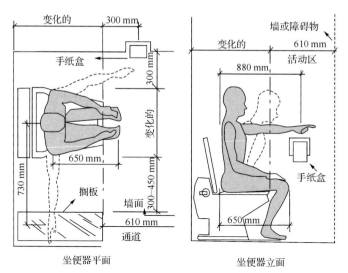

图 3-19　坐便器的尺寸

对于老年人使用的洗脸盆较为合适的高度为 800～900 mm 之间。如果是供坐着洗脸的老年人和乘轮椅者使用,洗脸盆的高度就要下降,盆下要设容腿空间。而且脸盆前部外沿中心部位要内凹成弧线形状,以便于头胸部向里伸探。水龙头的开关应采取用手腕肘部或手臂等均能方便开关的形式,应采用进或压的形式,如果采用旋转方式,则需要臂长不小于 100 mm 的杠杆式手柄。水龙头开关的上空须有足够的供手、手臂、肩膀等活动的空间。如果有冷、热水供应,还需有不同的颜色区分冷、热,一般来说红为热水、蓝为冷水。

四、色彩因素

色彩是一个非常专业的研究领域,在产品设计中应该非常严肃地对待色彩设计。色彩会对消费者的情绪和行为起到一种心理影响,会影响我们对周围环境的反应。它不仅仅是一种视觉上的表现,也会在潜意识层面上影响人们的思维。

历史上真正系统阐述色彩体系的系统是 1898 年阿尔伯特·孟塞尔开发出来的,该系统把色彩系统模拟成一个色球,包含所有色谱,并用色相、饱和度、亮度三个方面的数值来描述色彩的相关因素(图 3-20)。

色彩的设计不是根据个人的主观感受进行的,应充分考虑不同人群、不同环境中消费者的心理需求以及色彩对心理的影响进行设

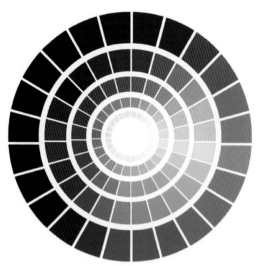

图 3-20　色环

计。色彩是最容易被视神经感知的因素,感知的速率也是最快的,色彩是产品和用户之间相互沟通的触点之一。

色彩本身并没有情感在其中,但是当色彩与处于产品中人的活动联系起来后,它便成为人类情感的载体,承载人们对情感的诉求。色彩在卫浴产品设计中的作用除了刺激消费者的生理现象外,还有表现生活情趣和体现生活品位的作用。恰当的色彩必须满足以下几个条件:

(1) 由于卫浴产品的产品性质决定了卫浴产品的色彩以单一、洁净的色彩为主,白色依然是卫浴产品的主要颜色。白色代表着清洁、纯净,视觉上更容易满足大多数消费者的审美需求。在卫浴空间中白色更容易和其他颜色进行搭配(图3-21、图3-22、图3-23),简洁的直线型和白色搭配可以体现出现代时尚的设计风格。

图3-21　白色卫浴与浅色系家装的结合

图3-22　白色卫浴和深色系家装的结合

图 3-23 白色卫浴和彩色系家装的结合

（2）不同的消费群体对卫浴产品色彩的需求不同，年龄、性别、职业和受教育程度是决定色彩喜好的因素。不同色彩对不同人群的心理影响也是不同的。来自于 Azzurra 的系列陶瓷洁具，巧妙地运用了 ART DECO 中最典型的几何图案，立刻赋予外形经典的白色陶瓷产品一种特殊装饰味。

设计师 Ardino Piatto 和 Patricia Urquiola 设计的 ART DECO 装饰风格的卫浴系列作品颠覆了以往卫生间设计的传统，将瓷器的元素成功地融入到卫浴作品当中，展现了设计师对卫浴产品设计的不同观念，同时也反映出消费者对千篇一律风格的不认同（图 3-24）。

图 3-24 ART DECO 风格陶瓷洁具

（3）卫生洁具、浴缸以白色为主，但是可以考虑性别差异在色彩上的不同需求。我们已经讨论过性别的差异，男性和女性对于卫浴产品的选择肯定是不尽相同的，女性更细腻，对美的东西更加敏感。她们往往喜欢装饰性更强的产品，粉色、淡蓝、淡紫色或带有小图案的产品更能吸引女性消费者。不同色彩的洁具装配，将展现不同的意境和情怀，同时充分演绎个性风格（图 3-25）。紫色、粉色洁具装饰的卫浴间让人从心里感受到幸福与浪漫；黄色、绿色、橘红色洁具装扮的卫浴间让人充满激情与活力；蓝色、白色的洁具给人干净透明、爽由心生的感觉；而纯红色、纯黑色、纯灰色洁具则能将你的个性和风格演绎到极致。

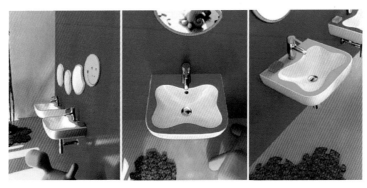

图 3-25　彩色卫浴产品

（4）卫浴产品的色彩要能够融入卫浴空间的整体色彩之中。大多数白色或金属色的卫浴产品符合清新现代的设计风格，以白色和粉蓝色为主调，清新海洋设计风。设计线条简练、流畅快速，最适合有着浪漫情结的年轻白领。蓝色和白色都是让人感觉平静的色调，而瓷砖上少数的花纹图案使得浴室在安静中又不乏灵动和情趣。局部配以经典的灰色也使得浴室总体上更显时尚、现代感，活力、时尚、清新、浪漫集于一身，倍感清凉。

如图 3-26 所示的意大利高端品牌 NOVELLO 的新品，富有雕塑美感的洗脸池搭配充满装饰风格情调的金色镜框和水龙头，让整套产品显得非常和谐而又高贵。

图 3-26　意大利 NOVELLO 产品

五、材料因素

（一）不同类型材质的卫浴产品

产品的设计中对材料的选择会受到材料物理特性的影响，这些物理特性和材质的耐久度、韧度决定了产品的形态。而材质对于设计师和用户的审美来说都是非常重要的。材料技术的进步以及新材质的不断发明为产品设计提供了更多的可能性，同时工业生产和加工方法以及电脑化工作对人工制品的生产产生了巨大的影响和推动。材料和生产工艺被不断重新定义。合成材料及高科技生产方法与古老的手工艺方法所使用的自然材料共存。

材料的感觉物性主要是通过视觉和触觉两种感知方式获取，通过视觉和触觉，我们可以感受各种材料的自然质感和人工质感。例如：木材的自然、轻松、舒适感；钢铁的坚硬、稳重、冷凉感和强烈的时代感；塑料的细腻、致密、光滑感；有机玻璃的明彻、透凉、富丽感；丝绒、锦缎与皮革质地的柔软、舒适、豪华感；铝材的轻快、明丽感等等。材料表面的质感、光泽、色彩等反映物质属性的外表特征，对工业产品的表面装饰有着特殊的表现力，是构成产品造型美的不可忽视的要素。造型设计者应熟悉材料的这种特征，并在设计中运用形式美的法则加以组织，充分发挥各种材料自身固有的美学因素和各自特有的艺术表现力，使材料各自的美感特征相互衬托，以求得外观造型的形、色、质的完美统一。

材料感觉特性描述

1.自然—人造	2.高雅—低俗
3.明亮—阴暗	4.柔软—坚硬
5.光滑—粗糙	6.时髦—保守
7.干净—肮脏	8.整齐—杂乱
9.鲜艳—平淡	10.感性—理性
11.浪漫—拘谨	12.协调—冲突
13.亲切—冷漠	14.自由—束缚
15.古典—现代	16.轻巧—笨重
17.精致—粗略	18.活泼—呆板
19.科技—手工	20.温暖—凉爽

图 3-27　材料感觉特性描述

建筑陶瓷在卫浴产品中使用最广，其色彩丰富，装饰性好，表面光洁美观，耐酸碱腐蚀性优良，具有较好的强度、硬度和耐磨性，耐水防水，易清洁整饰。

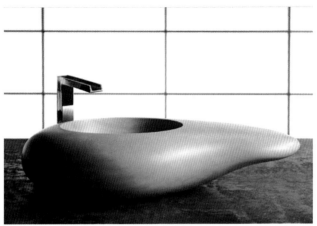

图 3 - 28　木材在卫浴产品中的运用

图 3 - 29 所示为获奖作品"光影—晶系列",如冰砂般纯净,似水晶般透彻。纯净无瑕的水晶质感与光影交织在一起,散发出独特的朦胧之美,触达心灵深处。独特的光影材质,相比一般材料强度更高,并能经受 360 ℃的高温。TOTO 的工匠们,将光影材质的特性发挥到极致,才创造出棱角分明、现代感十足的光影—晶系列。

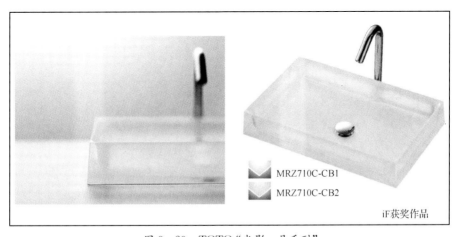

MRZ710C-CB1

MRZ710C-CB2

iF获奖作品

图 3 - 29　TOTO "光影—晶系列"

图 3-30　玻璃材质在卫浴产品中的运用

　　材料的进步通常是某些独特的科学产物发展而来，或者重新运用和使用以往的材料发展而来。材料的进步为设计师提供了更多的机会，让他们有更大的空间和选择去创造一些前所未有的事物。随着材料技术的不断发展，各式新材料和新工艺也被不断运用到卫浴产品上。用新型人造石材替代陶瓷生产洁具产品已在欧洲成为主流，意大利 Cisar 的一体式洗手池和水龙头使用杜邦"可丽耐"材料制成，呈几何形，非常有趣，放置在任何空间角落中都会让人眼前一亮（图 3-31）。

图 3-31　意大利 Cisar 一体式洗手池

　　卫浴产品主要用到的材料有卫生陶瓷、玻璃、不锈钢、亚克力、木材等等。古老的手工艺方法在卫浴产品设计中使用，如用皮革包裹浴缸、木材的运用、石材的雕刻。

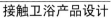

图 3-32　各种材质的卫浴产品

（二）材料可持续利用

材料的生态与否对于整个人类的长远发展至关重要。我们可以延伸一下关于密斯的"少即是多"的著名论断,关于人性化设计理论我们可以这样解释:减少消耗就是多产出,减少能源和资源的消耗就意味着可以更多、更久地利用能源,这关系到整个人类的福祉。

关于卫浴产品的材料可持续利用因素,遵循以下几点原则:

1. 减少化的原则

减少化原则是指在产品设计的时候对产品的外形、重量、体积等因素做到尽量减少,以求减少能源的消耗。其次是在生产过程中减少不必要的规模和不必要的破坏。最后是要求消费的数量减少,以设计和材料科技相结合,提高产品使用的时间和产品的利用率。

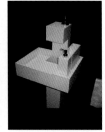

图 3-33　简单的形态减少材料的消耗

2. 再利用的原则

主要是对产品的再利用提出要求,这其中包含的主要内容是对产品设计时注意产品主要部件的着重保护,以期待产品出现问题时主要部件可以再利用。

3. 再生化原则

对产品建立有效的再生渠道,使产品能够顺利地回收,然后对材料、结构进行重新利用、重新设计,使坏、旧产品成为新的产品重新回到市场中,产生新的效益,对资源最大化地利用。

卫浴产品的日用陶瓷质地非常好,为再利用和再生提供了非常大的可能性。由于卫浴产品的特殊性质,制造卫浴产品要消耗大量的钢材、铜等金属,这些资源都是不可再生的,用新材料来代替,可以有效地减少这些材料的消耗。

材料的生态化:注重材料环保健康是卫浴产品设计的重要因素,卫浴产品在使用时对材料的安全、健康特别注重,由于卫浴时肌体和产品直接接触,所以产品材料对人影响很大,另外材料对环境的影响也是不可忽视的部分。卫浴产品材料最重要的改进就是增加健康科技的投入,在最新一批产品中,抗菌技术的运用显得最为突出,如采用无害人体抗菌成分的新型材料,可持久有效地抑制细菌,同时采用超低铅龙头,使表面铅含量仅为美国国家标准的一半;采用超洁技术,加入银离子化合物,使釉面的平整度得到大的提高,不给细菌提供存活的环境,从而达到抗菌的效果。

材料的问题要满足以下几个条件:

（1）卫浴产品的材料必须健康、环保、可持续利用。

（2）卫生陶瓷是浴缸、马桶体、面盆的材质,这些材质必须在表面处理时保证抗氧化、除菌、易清洗。

（3）不锈钢、无氧铜、陶瓷材质是水龙头、淋浴花洒等产品的主要材料，因此材料的防腐、防锈、抗氧化处理以及耐高温是必需的。

（4）这些材料当中或多或少都含有铅等成分，防止材料中毒是很重要的条件之一。

六、肌理和触感

产品的肌理给消费者带来的是一种触感体验，进而产生视觉联想和丰富的心理感受（图3-34）。肌理是一定要和触感联系在一起的。产品的表面是人和产品的交互界面，是人与产品最真实的接触，当我们接触产品的一瞬间，丰富的信息会迅速传至我们的大脑，光滑的、粗糙的、热的、冷的等等。在这个界面上，产品内部功能在日常使用中被隐藏和保护起来了。从用户体验来说，用户会从表面感觉产生感官上的反应。通过对多种材质、表面工艺的运用或其他方法，去创造我们想要的产品"皮肤"的特性，有意识地去诱发使用者的一些反应。

图3-34 各种表面不同的肌理

　　总的来说，作为卫浴产品开发的一部分材料的选择必然会包括肌理，随着卫浴产品开发的不断深化和分类的细化，同时视觉和触觉的肌理的趋势显示出，肌理和触感的特性必须要独立于材质之外单独加以考虑。我们可以用很多方法、方式将肌理赋予一个表面，以增加消费者对产品的体验：印花、轧花、烤漆、绘制、抛光、拉毛、擦光、压条等，以增加肌理结构等等。那么肌理会对使用者与产品交互产生怎样的影响呢？在视觉和触觉方面，平滑的表面会给用户提供更多的信息，并且能增强或减弱使用者对物品所隐藏或加强的特性反应。肌理能够突出产品的功能、形状以及需要特定强调的区域。

第四章
通用化的卫浴产品设计

1980 年美国开始普及通用设计,以现今老龄化日益加快的亚洲国家为中心,开始进行设计意识的启发和设计工程的开发。通用设计的开端是在美国 20 世纪 90 年代实行了以建筑和公共服务为中心的 ADA 法案(Americans with Disabilities Act)后开始普及。通用设计提倡者罗纳德·麦斯在他任教的北卡罗来纳大学附近设置了 CUD(Center for Universal Design),该中心的建立为通用设计的七项基本原则打下了基础。

通用设计的七大原则

原则一:任何人都可以公平使用;

原则二:有各种使用方法;

原则三:使用方法简便,让人能快速明了使用内容;

原则四:能透过多种感官了解产品所表达的使用内容;

原则五:错误操控能快速复原原则;

原则六:对使用者不会造成身体太大的负担;

原则七:确保方便使用的宽广度。

通用设计是无障碍设计的发展延续,20 世纪 50 年代,西方国家开始推行无障碍化的公共空间设计、建筑环境设计,并制定相应的法律法规,因此可认为是无障碍设计(Barrier-Free Design)的开端。通用设计包括人及人生活的全过程,同时包括残疾人、老年人、病人、儿童以及不能完全自理及行动困难的人。通用设计充分考虑不同人群的各种需求,是适应性很强并且持续发展的设计观念及理论。

对于通用设计的说法和理解,各国均不同。美国通用设计研究中心认为,通用设计不需要增加额外的费用支出,通过制造产品、通讯和环境的建造使每个人的生活简化,可以满足不同年纪和能力的人使用;在英国,这个定义不仅强调年龄、性别、能力,同时还强调种族、收入、教育及文化背景;日本由于地域等问题的限制,是通用设计实施和发展最好的国家,民众和企业普遍认同和支持通用设计的理论及产品。

生活中每一个人的身体特征以及内心的感受都是不同的,每一个人都是不同个性的个体存在。因此,每一个独特个性和身体差异的个体构成了多样化的生活和社会。以一种标准去要求所有的人是不现实的,必然会带来诸多的问题和不便。以一种功能和使用定位去满足所有的消费者,后果必然是怨声载道。因此通用设计的原则是设计师必须理解并加以活用。

一、卫浴产品通用化设计现状分析

（一）卫浴产品通用化设计的现状

现代卫浴产品的设计越来越重视通用化的设计，在一定程度上为残障人士的洗浴生活带来了方便和快捷，例如残疾人通道、残疾人产品等等。但通过市场调查和2008年中国陶瓷博览会卫浴产品的展示可以看出，社会对残障人士的关心还远远不够。现代卫浴产品的设计依然没有充分为残障人士考虑，很多残疾人的卫浴产品仍然存在很多的问题。

首先，如厕区安全、隐私的环境是残疾人得到放松的一个基本条件，但是由于残疾人卫浴产品的设计缺少使用细节等各方面的考虑，而给残疾人带来很多不便，从而使他们无法达到身心的完全放松，造成了身体和精神上的伤害。比如说坐便器及其附近的扶手与支架的选定安装缺少细微的安全性考虑，或者地面过于光滑等，都会造成残疾人因无法独立完成操作而得不到完全的放松，从而给他们的精神带来一定的负面影响。

其次是淋浴区。对身体不便的人们来说，淋浴是一个很大的难题，淋浴区的卫浴产品设计存在很大的弊端。淋浴器的设计很少专门为残疾人去考虑。大多数产品的使用对残疾人来说都需要别人的帮忙。比如淋浴器的开关位置过高或过低、水温的调节、浴花的固定和使用、淋浴座椅高低调节等，都会造成残疾人淋浴的不便，而此时别人的帮助也会让他们感到尴尬，从而伤害到他们的隐私和自尊。

再次是盆浴区。盆浴洗澡对残疾人来说也存在一定的尴尬。

（1）浴盆的进入问题。有的浴盆的设计并没有真正地站在残疾人的角度去考虑，有些残疾人浴盆的设计缺少开门，直接影响残疾人的进入。有些虽然有开门，但是开门的位置过高或过低、开门或大或小及用力操作等，在不同程度上都给残疾使用者带来很大的难题。

（2）其次就是浴盆的按钮操作缺少人性化设计。随着科技的发展，浴盆的功能也越来越多，很多的按钮对正常人来说都十分容易混淆，更何况残疾人？

（3）浴盆的内部防滑度不够。残疾使用者很容易摔伤，还有一点就是浴盆的位置离放物品的柜台较远，这对残疾人来说也是一个很大的不方便。这些问题的存在都在很大程度上给残疾使用者带来了一定的伤害。

最后是盥洗区。这也是一个很容易对残疾人产生伤害的角落。洗脸盆的角角楞楞、水龙头开关等，对于身体不便的特殊人群而言都是一种威胁，储物柜与洗脸盆的距离不当也会对残疾使用者造成不便。

（二）卫浴产品通用化设计应遵循的条件

1. 坚持独立操作的设计原则

在日常生活中，残疾人群如厕和洗浴时常常因为身体的各种不便而需要别人的帮助，专门针对残疾人的卫浴产品的设计应该坚持独立操作的设计原则，在一定程度上减少别人对残疾人的帮助。残疾人在使用这样的产品时能够不占用他人时间和精力，自己独立完成操作，这样的成就感能让他们真正体会到身体和精神上的放松。

2. 坚持产品使用安全性的设计原则

设计提倡关心人、尊重人、坚持以人为本。残疾人作为社会的弱势群体，更应该受到关心和照顾。残疾人卫浴产品的设计应该在以人为本的基础上，从残疾人的健康出发，充分考虑产品使用的安全性。只有这样，残疾人如厕和洗浴时才能真正做到无后顾之忧。

3. 坚持对使用者情感关怀的设计原则

产品的情感化就是通过产品的形象因素，如形态、语义信息、人机界面、使用方式等传递给产品空间中的人以多种情感体验，如：愉悦、安全、希望感、荣誉感、归属感等等，这是产品自身功能之外更吸引人的因素。产品对使用者的情感关怀，奠定了产品的情感感召力，使产品的存在更有意义。但是我们不能一味地追求情感化关怀，而孤立地看待人与产品存在的关系。我们还要认识到产品与存在环境，以及更外围的延伸环境中各要素的相互关系，深化产品对人的情感联系，让使用者真切地感受到产品给予自己的情感关怀。

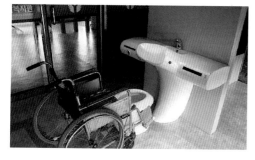

图 4-1 专为残疾人设计的卫浴产品

对残障人群的关爱要体现在真诚、细微的呵护。众所周知，残障人群中残疾人分为轻度、中度和重度残疾。针对不同残疾程度，产品无障碍的程度要不断加深。例如扶手、把手等等，主要是为了轻、中度残疾人使用，由于他们自身的活动能力相对较强，靠辅助设施就可以帮助他们完成卫、浴活动。重度残疾人则必须要专用的残疾人用品，这些卫浴产品都有其特别针对性，如针对高位截瘫的用户，必须加强上肢辅助，因此此类产品对上肢的设计很丰富。这些产品都在为残障人士的行动不便提供了尽可能的关爱，体现了人性温暖的一面。

图 4-2　专为残疾人服务的无障碍设计

　　从平等性的角度来考虑,评价通用设计的七条基本原则适用于所有人的产品,说起来简单,而实际的产品开发却很难。

二、设计的公平性

　　要求设计可以让具有不同能力的人在使用过程中都能够平等地、根据自身情况方便地使用,且不会给其他人带来不便;避免排除或隔离某些使用者;提供所有使用者同样的隐私权、安全性。在这里所讲的家用卫浴产品设计的公平性原则,是针对所有人的关爱和体贴而提出的。要求设计师撇开从正常人到残疾人、从残疾人到正常人这种从下而上、从上而下的设计程序,把老年人、残障人、孕妇等各种有能力障碍的人们全部看做正常人,把他们看做正常人在某些事故下的延伸状态。从这些人的平等使用需求出发,将他们全部归为家居空间的同时使用者,争取找到卫浴产品同时满足这些人使用时的最佳切合点、最佳平衡点,将公平性原则作为家用卫浴产品设计的一大指导思想。

　　在这里要强调的是,公平性设计原则不仅指产品的无差别设计、无歧视设计,即任何一款卫浴产品对所有人来讲都是没有差别的、没有歧视的。除此之外,还包括产品的低成本设计,即在价格方面也体现出公平性。因此,通用设计理念要求在尽量不增加产品成本,甚至是降低成本的基础上,保证产品的通用性,这样才能使所有群体都能购买得起,卫浴产品才能真正地实现通用化。

三、设计的易用性

不论使用者的经验、知识、语言能力及关注程度如何，其使用方法都很容易了解；不论周围环境状况或使用者感官能力如何，都能有效地为使用者传达相关的设计信息。可使用不同方式(图案、声音、触觉等)来提供必要的信息，对不用障碍的人提供多种技巧或辅助手段以协助操作，减少不必要的复杂性。要尽量与使用者的期待和直观感觉相吻合，将使用方法等信息按其重要性依次排列并加以标识，使用过程中及使用结束后应提供有效的实时反应和反馈信息。

（一）设计易用原则

结合卫浴产品，设计师对于产品易用性的设计更是非常重要。设计易用原则应当具备以下几点：

1. 对产品的操控上，使用户能够快速理解，操作原理简单

每一个使用者都是一个不同的、有差异的个体，他们在经验、知识构成、解读能力、语言能力都有很大的差异。这种差异会直接体现在对产品的操作上，如何让多数人无阻碍地使用产品是设计师必须要解决的课题。产品操作的信息传达必须直观、易懂，减少不必要的复杂性，尽量做到与使用者直观感觉相吻合的信息传达。

2. 简化操作任务的结构，尽量在可视化阶段完成

以简单易懂的文字或图形符号来表现功能的信息，因为这些信息会在最短的时间内传递给使用者可用的操作信息，减少误操作的几率。高仪品牌"安渡斯数码"系列恒温水龙头在可视化操作信息方面做得比较好，以数字显示温度，只需一键操作就可以完成水温的调节(图 4 - 3)。

图 4 - 3　高仪品牌"安渡斯数码"系列

3. 建立正确的匹配关系，尽量利用自然匹配

如图 4 - 4 所示把热水和冷水放在左右两边，是一种比较好的方式，符合人们操作时的心理预期，并且在两个开关上用文字和色彩标注"热"和"冷"，方便人们观察。开关操作符合人们习惯的操作和用力方向，减少误操作的可能性，操作和结果在人们的心理预期之内，自然匹配的效果较好。

图 4-4　自然匹配较好的水龙头

4. 利用自然和人为的限制因素,使用户只能看出一种操作方法,避免可能出现的错误

图 4-5 所示的两种卫浴产品的开关,在可视化方面做得较好,并且自然限制了操作的可能性。

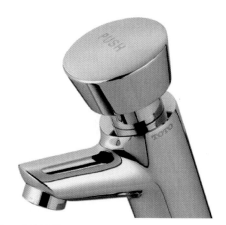

图 4-5　开关设计

5. 利用标准化的元素

世界科技日新月异,更多的技术运用到卫浴产品当中,比如智能坐便器等等智能化的产品已经大行其道。但是智能化不代表好用,智能化不代表易用,"科技以人为本",借用诺基亚的广告语便能说明问题。易用性原则是人性化设计的基本原则,因为我们设计的产品不是为了炫技,而是为了让人方便舒适地使用。

卫浴产品通用设计包含易用性这一重要特征,优秀的产品通过产品的外观和结构或图形给予用户可操作性的指示,指示是人与产品沟通的首要条件。用户经由视觉接受产品指示信息,指示的形象植入用户视觉感受之中。在用户心理学中,用户对指示的辨识包括心理形态、模板、特征分析和形态辨别。

（二）操作的指示

指示的形态通过视觉来感知,而材质的性能则通过触感来辨别。操作指示包含以下几点原则:

1. 保证使用者能够随时看出哪些操作是可行的

以不同形态的水龙头为例,分析研究水龙头为什么会不便于操作。如图 4-6 所示,这个水龙头没有任何对于操作的提示,只能凭借人们的经验来进行操作,而且开关处没有便捷的结构和用户熟悉的开关模块,开关操作不够简易。

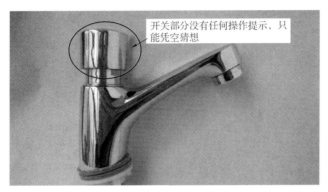

图 4-6 不便操作的龙头——无操作提示

2. 注重产品的可视性

包括整体的形象、可供选择的操作和预判操作的结果。

3. 便于用户掌握产品的工作状态和工作效果

如图 4-7 所示的水龙头,"1"处为开关,向上提起开,左右旋转是控制水温。但是当开启后使用者无法测知水温的高低,只能不断用手去试水温。"2"处是可视性标示,位置处于出水口和开关夹角处,不便观看。

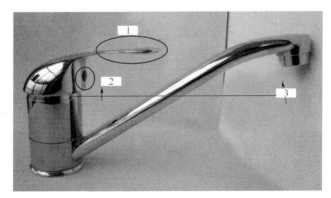

图 4-7 不便操作的龙头——标示位置不当

操作指示是通过视觉接受信息,信息通过心理活动进行判断和选择,最后完成操作的行为。因此指示必须具备完整的视觉可识别性和明确的信息提示,才能够帮助用户快捷准确地操作产品。优秀的产品必须具备合理、恰当的可操作指示,使人机交互的过程顺利完成,给用户带来完美的操作体验,使用户能简单、舒适、安全地使用产品。

四、设计的安全性

设计的安全性要求设计应将使用过程中发生危险和错误的概率降到最小,尽量降低或避免错误使用带来的危险和负面影响,即使在使用过程中发生错误也要及时提出警告,并保护使用者。在可能的情况下提供使用成功或失败的信息,对一些容易产生危险的部件应有避免误触的提示设计。

从人类的角度来讲,其他任何环境因素、设施因素、人为因素、产品因素等都有可能给人类带来危害,都会存在潜在的安全性问题,例如医疗器械的安全性、机械设备的安全性、食品行业的安全性等。因此,产品的安全性能是评价一个产品好坏的关键性因素,也在一定程度上暗示了产品设计师所承担的事故责任,这些都牵扯到人类的生命安全。家用卫浴产品的安全性设计原则要求家用卫浴产品设计不会对家里的任何人造成伤害,尤其是对小孩、老人、孕妇的伤害。家用卫浴产品是我们每天都要使用的日常用品,要求它具有较高的易亲近性及很高的容错性。即使在操作失误时,也有相对简单的可恢复性设计及防护性设计。可恢复性设计是指容易恢复操作错误的步骤,以至不会给人带来恐惧。相对来讲,防护性设计更可以称为关怀性设计,它是为避免发生失误,提前预做的保护性措施。

如图4-8所示的来自Boon品牌的一款玩具样式的Potty Bench幼儿马桶,在保证安全的前提下让孩子从小从日常生活中锻炼自立能力。这个如同小凳子的Potty Bench在两侧备有储物空间,可轻松拆卸的槽盒方便清理。同时它是父母照看孩子的小凳子,也是供孩子登爬的台子。轻巧、圆润的外观造型,鲜艳的糖果绿颜色,加上多功能的储物功能,相信会让孩子们在坐便的时候会乐此不疲。

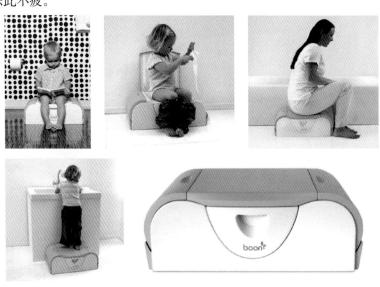

图4-8 Potty Bench 幼儿马桶

五、设计的适用性

设计必须符合经济性和耐久性的理念,满足中、低层消费者的需求。设计在功能的规划与材料的选用上都应当考虑到实用、耐久等因素,不能为了达到产品通用性的目的而大幅度或较大幅度地提高产品的经济成本,即要求设计必须有合理的价格,要求设计在不增加成本或低程度增加成本的基础上,就可实现产品通用性的目的。如图4-9所示的自动单键开罐器,只需把这个开罐器放在罐头盒上,按下如图所示的按钮,它就能帮你自动打开罐头盖子。开动后可在罐头盒上自动旋转,下面的刀片切割罐头盖子,完成后自动停止,切割下的盖子就卡在这个开罐器上一起被容易地拿起,有磁铁吸附确保不会掉下,而且切割口没有毛刺,不会伤手。

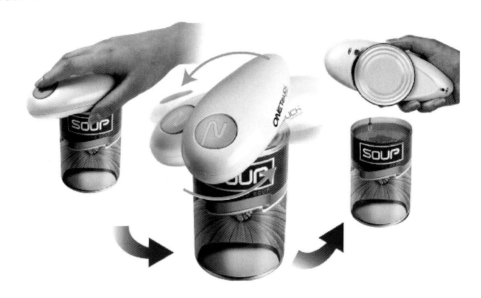

图4-9 自动单键开罐器

卫浴品牌德国唯宝(Villeroy&Boch),首创为儿童量身设计一系列儿童专用卫浴(图4-10),根据儿童身高体型及使用特性的差异而设计的洗脸台、马桶、浴缸等多项设备,不仅在尺寸上都比成人规格低,而且加入了很多方便儿童洗漱的辅助性设计结构,集功能性、便捷性、娱乐性为一体,让儿童充分体验到洗漱的趣味,乐于接受。小尺寸马桶及台盆、浴缸含垫高脚凳、长把手水龙头,可让幼童从小训练独自盥洗的能力,培养他们独立自主的人格。另外产品中卡通互动人物小鼬鼠VIBO的可爱图案、丰富色彩、多样化造型等,丰富了儿童的视野,乐趣无穷,同时给培养儿童想象力和创造力提供了可能性。而且随着孩子的成长,唯宝的儿童卫浴还可更换部分的卫浴设备,能一直用到青少年、成年。它的整套设计中将人性的关怀,包括个性的自我体现及资源的有效利用等融入进来,确保了它物有所值。

图4-10　唯宝(Villeroy&Boch)儿童卫浴间

　　在沐浴时年轻人可以轻松地保持站立姿势10分钟以上,哪怕40~50岁的健康人都可以实现沐浴行为的完成,但是一位80岁的老人可以吗? 一位可以,其他老人都可以吗? 答案不言而喻! 那么普通的淋浴设备就存在不通用的问题,不符合通用设计的原则。因此必须开发针对老年人卫浴产品功能,安全、方便成为开发产品的发展方向。产品的功能也集中体现了老年人这个群体的特殊所在。例如:为老年人安装扶手和坐椅在水汽蒸腾的浴室里;在喷头、浴缸及过道安装扶手,能最大限度地保证老年人及行动不便人士的安全。浴室的门应向内开启,在紧急情况发生时,便于外部救援进入。产品功能的提高也顺应社会的发展需求,随着我国居民生活水平不断提高,人们对卫浴产品基本功能的需求已非常人性化,而老年卫浴产品在产品功能上必须更加有针对性。

　　图4-11所示的浴房,无论外形和功能设定都不能解决我们所面临的问题。

图4-11　功能设定不合理的浴房

　　那么我们来看看优秀的通用设计产品是怎么来解决这一问题的。图4-12所示的德国杜拉维特(Duravit)品牌,是获得2012年德国红点设计大奖的整体浴房,同样加入座椅设计,分别是耐水木质长椅和耐热材料制成的小凳,分别适合不同的浴室空间。

图 4-12 杜拉维特整体浴房

1. 我国现有老年卫浴设施存在的问题

目前我国市场上常见的老年卫浴设施多为塑料便盆、床用便壶、淋浴凳、坐便椅等低端产品,这些产品大多未经合理设计,外形缺乏美感和科学性,所用材质不具备起码的安全性,有些甚至是三无产品,质量问题较多,不能满足老年人的实际消费需求。而诸如电动升降坐便器、可供轮椅进出的开门式浴缸、可按需要调节高度的洗脸台盆等高端产品,缺乏自主设计,基本依赖进口,价格高昂,一般收入阶层的老人无力承受。同时老年卫浴设施无法让老年人感受到平等和自尊,影响其使用情绪。随着我国老年群体收入水平和生活水平的不断提高,老年卫浴设施供需之间的矛盾日益加剧。因此,对老年卫浴设施进行深入的无障碍设计研究具有重要的意义和广阔的发展前景。

2. 老年卫浴无障碍设计的原则

(1) 安全性原则

老年人在洗浴时特别容易因为地面湿滑和缺乏支撑物而摔倒,引起骨折甚至更为严重的疾病,以致危及生命安全,因此在老年卫浴设施无障碍设计时应充分利用设计的力量保护老年人的安全,将误操作或意外动作所造成的负面结果减到最少。

(2) 适用性原则

老年人尤为重视设施的实用功能,在进行无障碍设计时,应符合老年人人体尺度、机体受压力小、舒适方便、不易疲劳、无损健康,同时应预留足够的尺寸,为辅助设备和个人助理装置提供充足的空间。另外老年人大多生活节俭,在卫浴设施的设计也不应追求华而不实的东西,应该摒弃不必要的功能,在功能和成本之间找到一个最佳平衡点。

①人体尺寸的弹性设计

影响老年人人体尺度的因素很多,且老年人的人体尺度差异很大,空间尺寸设计要能根据具体情况做出调节。

②空间布局的弹性设计

由于老年人在生活中很可能受伤或突发疾病,自理老人有可能在很短时间内转变为介

助老人或介护老人。卫浴空间应当能够根据老年人的个人选择和能力变化做出必要的调节。

3. 老人卫浴产品的易用性原则

老年人学习能力下降,对于新的知识需要更长的时间去掌握。通用设计的原则之一:操作简单化,信息易认知。这要求设计无需专门的学习凭直觉就能直接进行使用。当卫浴空间的设施如全自动坐便器、淋浴房、呼救报警面板等有按钮选择时,要根据老年人的身体情况和认知情况进行设计,防止出现误操作而发生危险。

WAIS成人智力量表测试结果显示,老年人的动作性智力成绩下降十分显著,这给他们学习使用复杂的设施带来了困难。卫浴设施无障碍设计应尽量采用简便的操作方式,这样不但可以帮助老年人减少使用设施的适应时间、提高设施的操作效率,还可以减少安全隐患,增加老年人在产品使用过程中的满意度。

图4-13　卫浴设施无障碍设计

4. 可增长性原则

卫浴设施作为一种家庭使用的耐用消费品,在进行无障碍设计时应充分考虑卫浴设施功能的可增长性,当新的功能需求出现时,能够通过简单的操作改造原有设施。一方面尽可能延长老年人自理生活的时间,另一方面在必要时便于辅助人员或护理人员安全方便地对老年人的个人卫生工作进行协助。

2008年日本TOTO(东陶机器株式会社)推出了一款附温水洗净功能的便携式厕所"Washlet"的产品(图4-14)。便携式厕所又称为移动式厕所,其主要部分包括一具有椅座的折叠椅,该椅座上设有一座孔,其四周设有复数个结合部,以供结合一延伸杆,该延伸杆上设有复数个连结座,在连结座上连结有复数个支杆,该支杆上扣挂有一帷幕层,该帷幕层扣挂后围在该折叠椅的四周。如此,在使用时则可将延伸杆、支杆及帷幕层组装于该椅座上,从而可提供隐秘性佳且供使用者于户外使用的活动厕所;另外,在折收携行时则可将整体拆解,因此不占用空间且便于携带,具有便于携行及使用方便的功效。

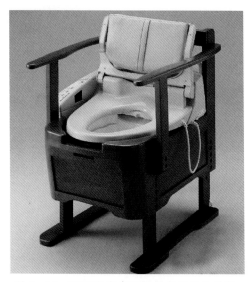

图4-14　TOTO发布的便携式温水坐便器

TOTO发布的这款产品将木制的椅子和便器组合在一起,可以坐在椅子的便座上如厕。使用后,可将便器从其中取出,倒掉污物的构造。考虑到温水洗净坐便器在一般家庭中的普及率超过 60%,因而增设了温水洗净功能。产品的便座靠背可以折叠起来,打开后可以靠在上面,靠背部分使用了柔软的靠垫。另外,本体的前半部分变更为与便座相似的弧形,能更方便使用者张开腿,坐得更靠里,形成使用厕所时的姿势。

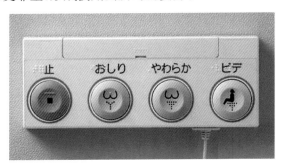

图 4-15　便携式温水坐便器上的控制按键

此外,为了污物用桶能更方便地使用,采用了将便座打开,握住把手就能取出的"一步脱卸构造"。便座还能放大尺寸,身形较胖的人也能使用。产品本体重量为 20 kg,温水机能需要使用 100 V 的电源。具有普通臀部冲洗、柔和冲洗和女性用冲洗三种运行模式,可以用遥控进行操作。还具有使用加热器给便座加热,使用氧除臭的功能。

普通浴缸进行通用化的改良后也可以绽放出新的活力,只要设计者内心有这样的设计意识就可以了。

如图 4-16 所示,这浴缸其实没什么特别,唯一的亮点就在这隔板上。别小瞧这隔板,有了它,什么沐浴的瓶瓶罐罐、毛巾、衣物通通可以收纳,甚至还可以放置咖啡或浓茶来享受泡澡时间。更特别的是,组装后还可以当换衣凳、防滑踏板等,一物多用,相当贴心。

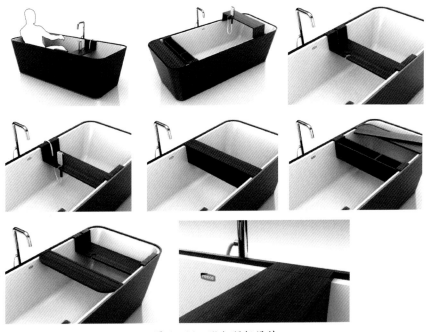

图 4-16　浴缸隔板设计

六、设计的美观性

设计是为了实现人们对美好生活向往的目标,作为一名设计师,其职责也是为了让人们的生活更加方便、更加舒适,这是产品实现其功能性的目的所在。然而,美观性是最吸引消费者眼球的关键点,是消费者产生购买行为的首要考虑因素。因此,设计必须考虑到审美品位和外观形态等一些细部设计,在视觉享受、材质触感及使用方式等方面都能得到使用者的喜爱。如图4-17、图4-18利用不锈钢的材质做出大自然中的有机造型,给人美观实用的愉悦使用体验,所以,设计的静态美感和动态美感是衡量产品是否畅销通用的一个标准,更是通用设计理念不可缺少的重要原则之一。

图4-17 汉莎(Hansa)产品

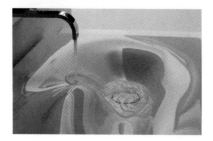

图4-18 拟水形态的面盆

七、卫浴空间的合理性

空间性的要求跟人机工程学中人—机—环境协调统一的标准是一致的。要求不论使用者的身材、姿势或行动能力如何，设计都能够保证适当的体积与使用空间，以便于使用者操作。对于实施坐姿或站姿的使用者均能提供明确的视觉指引和合适的操作高度。若是以手来操作的设计，要考虑到不同的使用者适合不同的手部尺寸，提供足够的行动空间，同时还要考虑到满足使用辅助器具者的需求。

从设计的要求层次来看，空间性设计原则可以说是产品设计的最高要求层次，涉及产品使用的灵活性、包容性。提供多种选择的使用方式可以为不同喜好、不同能力水平的人带来便利。此外，还要求对使用者的不同操作步骤及操作习惯提供最大的包容性，即产品的操作方式符合人们的使用习惯，在错误的操作步骤中有相应的提示设计。虽然空间性设计原则要求比较高，但是也是产品设计所必须遵循的原则之一。

图 4 - 19 通用浴室设计

1. 合理的平面布置

合理的视线遮挡、足够的照度、合理的洁具配置，包括洗手纸和洗手液供应装置以及摆放位置，是一个使人感到方便舒适的洗手间所必备和必须做到的。

2. 卫浴空间设置

卫浴空间要设置在随时都容易到达的地方，尤其要考虑与卧室的关系。从卧室到卫浴间简短的路线可以使人特别是老人和小孩以及行动不便者提供真正的便利。

3. 门户的设置

在可能的情况下，卫浴间的门要向外开并采用里外都能开启的门锁，这样外开的门在发生意外情况时外面的人能及时进入抢救，在面积或交通受到限制的情况下卫浴间的门也可以采用推拉门。避免使用门槛和台阶，以免磕绊。室内地面要采用防滑材料，必要的地方要设置有效的防滑垫。

4. 卫浴间的环境温度

卫浴间的环境温度要控制在 $21\sim24\ ℃$ 之间，灯光应采用漫射光，以避免眩光。开关要设置在方便使用的地方，照明设计应集中在洗脸区或是镜子的两侧，淋浴区则应设置防潮灯具。

在日本的很多的女厕所内，充分考虑了母婴共同如厕的空间性、人性化需求。厕位内设有婴儿隔板、婴儿座位,母亲可以在厕所内给婴儿更换尿布,也可以在如厕时将婴儿暂存在隔板上;此外母亲在如厕时可以把较大一点的婴儿放在婴儿座位内,就不会因为抱着婴儿不方便如厕了。在有些厕所内部还挂有儿童用的小号坐便垫,儿童上厕所时将小号坐便垫放在马桶上,即可方便使用。日本的厕所在母婴厕位的人性化细节上做得非常到位。

图 4-20　母婴可共用的卫生间

卫浴产品的情感化设计

　　情感化设计更加注重产品的情感属性和人机之间的情感交互。情感化设计来源于心理学家对人类情感的研究,包括人类的情绪和情感以及情感的工作方式,即通过神经化学物质来浸润某一特定区域,以修正知觉、决策制定和行为。人类的情感和认知都是属于信息处理系统,它们的功能不同。情感系统帮助你迅速确定环境中的事物的好和坏、优和劣、安全和危险等等。情绪是情感的意识体验,具有特定的原因和对象。

　　情感化设计是由美国著名的认知心理学家唐纳德·A·诺曼教授在其著作《情感化设计》中提出的,该书详细阐述了情感化设计的理论体系。其中核心理论提出人类属性是由大脑的不同水平引起的:自动预先设置层,称本能水平;包含支配日常行为脑活动的部分,称行为水平;脑思考的部分,称反思水平。这三个水平相互影响的方式很复杂(图5-1)。

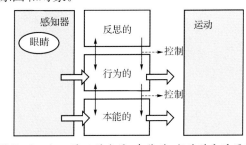

图5-1　加工的三种水平:本能的、行为的和反思的

不过为了应用,仍然可以进行一些很有用的简化。本能水平的设计——外形,行为水平的设计——使用的乐趣,反思水平的设计——自我形象、个人满意、记忆。本能水平反应很快,它可迅速地对好或坏、安全和危险作出判断,并向肌肉(运动系统)发出适当的信号,警告脑的其他部分。这是情感加工的起点,由生物因素决定,可通过控制上一级信号来加强或抑制它们。行为水平是大多数人类行为之所在,它的活动可由反思水平来增强或抑制,反过来,它还可以增强或抑制本能水平。最高水平是反省的反思水平。值得注意的是,它与感觉输入和行为控制没有直接的通路,只是监视、反省并设法使行为水平具有某种偏向。

一、情感与可用性

　　从用户心理出发,设计师至少应考虑两个方面的问题:第一,通过科学、适当的心理学研究以及被验证的心理学原理改进产品的可用性,使其能更好地实现其目的性;第二,除了好用之外,设计心理研究还能帮助设计师赋予物适合的肌肤,使其具有一定的意味和内涵,根据需要激发人们的情感体验。从设计师和制造商的角度看,情感设计的核心目的还应归结为:首先促使消费者注意到设计物,或者激发出一定的购买需求;或者将所需要传达的信息

尽可能快速、准确地传递给目标等;其次,使用户在使用中能体验到满意、喜爱、愉悦、自豪等正面情绪。乍看上去,可用性设计与情感设计是用户心理研究运用于艺术设计中的两个最重要的方面,是用户心理的理性需求与感性需求的具体体现,两者虽然重要但似乎也相互独立。但事实上,我们最后要提出的一点是,可用性与情感体验本身又是二位一体的,不仅相互相关,而且互为因果,可用性涉及人的主观满意度,以及带给人们的愉快程度,因此它具有主观情感体验的成分,或者可以这样说"迷人的产品更好用",同时在使用过程中情绪和情感体验也是设计情感的重要组成部分,即"好用的产品更迷人"。

如图5-2所示的加入灯管设计的 HANSACANYON 水龙头,它可以第一时间告诉使用者冷热的程度。HANSACANYON 水龙头由设计师 Reinhard Zetsche 和 Bruno Sacco 共同设计,水龙头采用了简约的直角设计,不过最令人叹为观止的还是水龙头加入灯光装置系统,灯光会随着水温的改变由蓝色转变为红色,达到看得见温度的效果,避免双手碰触到过热或过冷的水,同时水龙头设计融合水柱色彩的变化,给生活增添了更多的乐趣。这是情感与产品使用功能的结合,优秀的产品在必须具备使用功能的同时,也可以存储情感,在使用产品的时候,人的情绪和情感也是释放的一个过程。

图5-2　HANSACANYON 水龙头

如图5-3所示的为浴室镜设计的刮雾器,设计精巧,创意独具一格,使人联想到汽车的雨刮器。每次享受完热腾腾的泡澡时间,想看看自己是否越发美丽,但总是被恼人的镜面雾气所阻止,破坏你优雅的出浴姿势,势必要拿毛巾来擦!但是由于水气的因素擦完不能马上晾干,人物显示依然不清楚。有了这个镜面雾刮器,轻轻一旋转,一切问题就解决了。

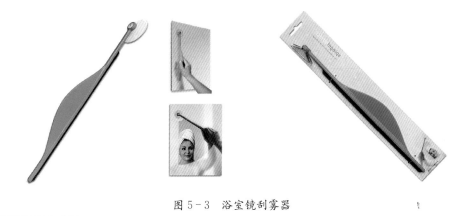

图 5-3 浴室镜刮雾器

二、感官体验

感官层的情感是人与物交互时本能的、通过感觉体验所激发的情感。感觉包括视觉、听觉、触觉、味觉和嗅觉。在这个层次上，人接受外界的刺激，直接通过反射产生回应，例如所谓的望梅止渴等，是人根据生物的本能而做的回应。虽然在这个层面上所激发的情感多属于较为低级的情感，但却是最为直接并且最难以抗拒的。因此，注重这个层次上的情感激发的设计往往是一些迷人而单纯的设计，直接采用鲜艳的色彩、圆润的造型、时尚的风格，形成激烈的感觉刺激。也许那些以"设计应提供艺术化的生活"为理念的设计师对此不以为然，但是多数大众文化层面上的艺术设计的情感激发恰恰属于这个层面，我们看看那些大众真正能够理解和接受的商业广告和物品，就不难理解作为实用艺术的设计艺术，以及作为创造日常生活方式的造物行为，设计师仍应足够重视最基本的情感激发层——感官激发。许多设计师抱怨大众品味，认为他们无法欣赏具有复杂意味的设计，而去喜欢那些看上去有趣但非常简单的设计，例如强调表面装饰的设计、强调感官刺激的设计，但不容否认，这些设计的情感激发往往最为直观，效果也最为明显，更易于被一般大众所理解接受。

以儿童卫浴产品为例，其情感化属性我们可以得出部分结论。

第一，色彩应用上的情感化。色彩和产品的材质外形相比，更感性。"色彩所对应的是情感经验的联想，而形状相对应的反应则是理智的控制。"所以色彩在一定的程度上控制了人的情绪，色彩和形态的组合，表现出来的影响更为明显。

男孩比较喜欢冷色调，女孩喜欢暖色调，儿童都喜欢明度彩度高的颜色。对于儿童色彩喜好的差异性，设计师可以充分运用到产品的设计中去。

2012 上海厨卫展上的儿童卫浴以超萌的卡通姿态逆袭眼球，成为一大亮点。新泰和则推出适合爱美小公主专用的粉色系列儿童卫浴，甜蜜的糖果色和草莓造型，让每天卫浴时都如童话故事般美好。

第二，形态上的情感化。产品的造型也是产生情绪的重要因素。形态的亲和力也是产生情感因素的条件之一。2013 年上海厨卫展百德嘉展出的儿童坐便器及儿童多功能浴室柜，充分运用了圆弧轮廓线条设计，为孩子营造一个安全、充满童趣的浴室环境。

对儿童卫浴产品来讲，这种情感化的体现主要来源于两点：

①仿生设计:好奇心强是儿童与生俱来的特点,好奇心也是儿童从外界理解事物的来源。可以将自然界的形态应用到产品中,让儿童通过对自然界的亲近感对产品产生情感,例如仿生设计,儿童喜欢的花草树木、动物等。将自然界的形态进行造型抽象,生动可爱的造型自然会吸引儿童的目光。例如2013法恩莎今年新增儿童系列产品,超萌企鹅造型的小便斗、老鼠图案马桶盖以及小熊主题的镜子和洗面盆,都是针对年龄3~8岁不等的儿童的需求而特别研发设计的(图5-4)。

图5-4 法恩莎儿童卫浴(摘自《广州日报》)

②趣味性:用游戏的方式来吸引儿童对产品使用的积极性,通过这种情感交互的方式使儿童和产品产生更好的互动,同时也提高了儿童动手能力,游戏也是儿童获取外界知识的重要来源。

第三,材料的情感化。不同的材料通过视觉触觉传递给人不同的情感,或是木质的自然朴实,或是布艺的温馨,或是金属的冷峻坚硬,抑或是玻璃的通透神奇等。

材料的舒适感、安全感会通过人对生活经验的积累间接传递到用户的心理和生理的感知层面。人们对某种材料的偏好是属于深层次的情感需求。

天然的自然材料提供给人更好的舒适度。自然材料有特殊的纹路肌理,自然的清香在触觉和视觉上对人的情感也会产生影响,是一种更深层次的情感需求。相对于传统的天然材料,人工材料能够表现出更多的质感,满足更多的情感需求。

人工材料的出现弥补了自然材料的缺陷。人工材料可以丰富夸张产品的造型形态,材料的多元性也丰富了产品的功能性。

第四,功能上的情感化。"功能按性质分类,可分为物质功能和精神功能,在设计产品时,不仅要满足用户的物质功能要求,还要根据不同产品的具体情况切实考虑精神功能的体现。"设计功能完善的产品,让儿童在使用中产生满足感、愉悦感,更利于发挥儿童的动手能力。

为儿童设计产品,首先要从儿童的角度去看待事物,模拟儿童的生活状态、心理状态,还要考虑儿童家长对产品的态度。对儿童生活习惯的经验累积反作用到对产品细节的处理,通过设计,使儿童建立良好的生活习惯。

第五,尺寸比例的情感化。由于儿童身体发育速度特别快,儿童产品更换的速度也需要跟着儿童的成长速度更换,这在一定程度上造成了不必要的资源浪费。如果设计一套固定的设施,可以满足儿童从婴儿期到上学甚至成年后都可以使用的产品,一定是难以实现并且不切实际。因此,市面上出现了在儿童某一生长发育的范围内,可以根据儿童成长进行调节的产品,适用于一定的年龄段,随着儿童的成长可以进行变化组合的产品。这是我们可以学习研究思考的方向。

"上厕所的时候,马桶太高,脚踮到很辛苦孩子才够得着;马桶圈太大,总害怕孩子会掉进马桶里。"不少家庭都有过类似的经历。这些专门的儿童卫浴新品,凭借动物卡通的造型、鲜亮的色彩、精巧的款式、合理的尺寸,使用时更具亲近感,赢得了不少大小朋友的欢心。

感官体验应注重几个方面:

(一)直觉的创造力

直觉思维是指对问题未经逻辑性分析,仅依靠内因的感知迅速地对问题的解决方法作出判断、猜想、设想或者对问题的苦思之中,突然对问题的答案或方法有"灵感"和"顿悟"式的发现或答案,甚至对未来事物的发展和结果有"预感""预言"等,都是直觉思维。直觉思维是一种心理现象。它不仅在创造性活动起着极为重要的作用,也是人生命活动、发展的重要保证。

直觉,通俗的说法是无意识或下意识,在人们的思维处于无意识的状态下,观察人的行为、动作、操控等等。还有一种解释是对消费者潜意识需求的设计。每个人都有这样的经验,当用户需要一件产品满足自己的需求时,不知道自己应该购买什么形态、颜色的产品,其实他知道自己想要什么,只是还没有意识到自己到底想要什么,准确地说就是在消费者的意识之中还没有形成产品准确的形象。

(二)直觉设计的特点

直觉思维应用是在产品设计时决不能忽视的关键因素,仅仅是依靠理性的分析和依靠逻辑关系设定的功能永远也不可能完成人性化产品的创造。利用直觉进行设计方法需要注意:

(1)对瞬间想法的关注;

(2)对人类瞬间情感的关注;

(3)对人类身体瞬间感觉的关注;

(4)对人类瞬间感受、感觉、想法的记录。

(三)直觉形态和色彩的设计

在对消费者的消费心理充分研究的基础上,我们可以根据不同人群的直觉感受进行卫浴产品形态和色彩的设计。为什么消费者购买卫浴产品时一定要到产品卖场中去,就是因为消费者还没有意识到自己想要怎样的产品。在设计卫浴产品时必须做到瞬间抓住消费者的心。如图5-5所示的四种浴缸分别有各自不同的特点,对于不同喜好的人来说会有不同的感受和吸引力。

图5-5 风格各异的浴缸

这四个不同形态、色彩、质地的浴缸,第一个体现浴缸的现代感;第二个体现浴缸可爱的形态和色彩的生动;第三个木质的外观体现典雅、素净的自然感;第四个体现出产品细节的丰富。这些产品都有其鲜明的特点,可以迅速吸引消费者。

(四)操作的直觉

对于产品的可操作指示,同样可以利用人类下意识的行为特点来设计,达到操作的简单、易用。

图5-6的控水开关设计很巧妙地利用了人的下意识心理,在整个操作界面上开关被放在非常引人注视的位置。关闭状态时操纵杆向下,上推操纵杆打开,操作简单。

图5-6 控水开关的设计

三、行为活动体验

智能化越来越多地参与进卫浴产品中,良好的操作界面、友好的用户体验,无疑为产品加分不少。

(一)产品操作的辨认和识别

用户通过感觉及直觉的组织加工,能获得外界物体的物理特征,如大小、形状、颜色、质感、位置、情境等,但是仅有这些特征,用户无法知道自己感觉的究竟是否正确。辨别和识别就是用户从外界获得的感觉信息与存储的知识相互匹配,赋予知觉对象意义的过程,这个过程包括两种途径:自下而上和自上而下的加工过程。自下而上的加工过程又称为数据驱动的加工,即主体从外界获得感觉信息,然后将这些信息发送给大脑,抽取并加工相关信息。自上而下的加工称为概念驱动的加工,即人过去的知觉经验、知识、动机和背景影响人的识别。

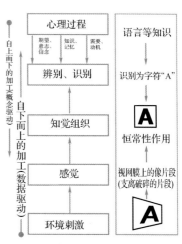

图5-7 心理加工

其中,人们对物体的识别是一种"原型匹配"的过程,即各种事物被抽象为某种信息贮藏在记忆中,人们在对物体进行知觉时会寻找与之相匹配的原型。当物体与原型非常接近时,物体就可以被识别,而无法寻觅到合适的原型的时候,一方面会造成识别障碍,另一方面可能寻找最接近的原型来作出判断。美国心理学家诺曼将这种储藏在我们大脑记忆中的"原型"称为"概念模型"。举个例子,图5-8中放置手纸的架子上一排的按键,对于从未使用过智能洁具的用户来说,会觉得非常迷惑,这其实如第二幅图所示,为该洁具的遥控器。由于用户的脑中显然没能建立这种物品的概念模型,因此无法一下子确定它的功能,更别说使用和操作它了。无法立刻识别的设计虽然可能带来使用上的不便,却有可能提高注意和增强记忆,有时还能使用户获得"思维参与"的乐趣。

图5-8　TOTO品牌NEORESTA智能坐便器

TOTO品牌NEORESTA智能坐便器,不需要用你的双手去开关坐盖,你再不需要去手动冲水!"自动开合"、"自动冲洗"、"自动除臭"一系列全自动感应功能,再加上"超漩式冲洗"、"智沽"技术的运用,NEORESTA智能坐便器将智能、洁净、节水与静音完美统一。

许多现象可以用来支持这种理论,比如用户第一次使用一个产品,尤其是诸如电子设备、汽车的驾驶面板以及现在功能日趋复杂的软件界面,这些布满了功能键、显示器的复杂产品使我们往往不知道应该如何使用,而不得不查阅说明书或求助于他人;而当我们掌握了这个产品的各种控制方式,如果遇到另外一台类似产品,就可以按照以往的经验来推测应该如何使用这个产品。当产品的控制、使用的方式符合用户心中对该产品的概念原型时,用户就能较为容易地掌握该产品使用方式,这就叫做"良好匹配"的设计。

目前强大的生产消费能力以及高速发展的科学技术使产品的生命周期越来越短,新产品数量、品种越来越多,大量的新产品使用户厌倦了不停的学习,失去了看说明书和不断尝试的耐心;此外,产品所能提供的功能也越来越强大,各家卫浴企业推出的新产品不再像传统产品一样,形式由内部结构所决定,形式自然的追随功能,它们的内部不过是几块电路板和电线,用户的理解成为了决定形式的重要基础。这种情况下充分考虑可用性的设计,应使用户一目了然,建立自然、合理匹配,便于用户识别和理解。因此,优秀的产品必须让使用者有快乐的使用体验,在使用中有探索的快乐同时又不能太过于繁琐。合理地掌握这个尺度必须具备以下几点:

(1) 优秀的功能定义、准确、方便、分布合理。

(2) 简单易用,操作界面人性化。

(3) 自然匹配,符合人肢体的位置区间。

(4) 物理感觉舒适。

(二) 愉悦的过程

产品是用来使用的,毫无疑问产品不是艺术品、不是陈设。我们不能希望消费者花钱来购买产品只能看看,只是好看。我们提供给消费者的产品必须好用,让使用者在使用时有愉悦的使用过程是产品建立信誉度的必备条件。我们来看看不一样的卫浴产品。

如图 5-9 所示德国 Dornbracht(当代)品牌 Transforming Water(韵动淋浴系统)对产品技术、设计、制造领域里的创新和发明得到了行业内的广泛肯定和称赞,一共获得有关产品质量、产品设计、环保等各类奖项累计超过 180 个,遥遥领先于其他品牌,其产品更多地体现高端和时尚。Transforming Water 对水控制能力超强,完美滴落的雨淋效果得益于高超的泄压技术和特制的出水盘。除了安装在顶部和墙壁,具有摩擦防垢的花洒头还可以与多种直立墙面固定组合相搭配,不同的水流方式带来独特的淋浴感受,既前卫又创新。逼真的雨淋效果带来亲近大自然的享受,适合喜欢淋浴和落雨感觉的时尚达人。简单独立的操控面板,减少误操作的几率,面板高效率的图形使人一目了然。

图 5-9 Transforming Water(韵动淋浴系统)

四、反思体验

(一) 快乐回忆

真实稳定的情绪感受的形成需要时间,它们来自不断的交互作用。人们喜欢什么和珍惜什么? 人们厌恶什么和轻视什么? 表面的外形和行为的效用所起的作用相对微小,而重要的是交互作用的历史、人们与物品的联系,以及由它们引起的回忆。每个家庭都有属于特殊回忆的物品,如结婚前夫妻共同购买的一把座椅,婚后仍然在家中使用,这件家具就成为唤起往事的介质,它承载的是"故事"。

如果物品具有重要的个人相关性,如果它们带来快乐舒适的心境,那我们就会依恋它们。不过,也许更有意义的是我们对地点的依恋:我们家庭里最喜爱的角落、最喜爱的地点、

最喜爱的景色。我们所依恋的其实不是物品本身,而是与物品的关系及物品所代表的意义和情感。在马斯洛的需要层次理论中(图5-10)"高峰体验"是需求层次的最高阶段,在高峰体验的状态下,你对从事的活动变得如此专注和投入,仿佛你和活动融为一体。高峰体验是一种激发的、迷人的和着迷的状态,它可由与有价值的物品的互动引起。卫浴产品,尤其以沐浴的过程,可以以两种不同的方式促进高峰体验的感受,一方面通过提供熟悉的符号背景,它们再次肯定了拥有者的身份,另一方面通过吸引人们的注意力,沐浴产品可以直接提供高峰体验。在舒适的浴缸中泡去一天的疲惫,放松的身心就成为第二天美好的回忆(图5-11)。

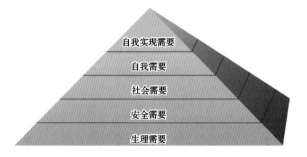

图5-10 马斯洛的需要层次理论

图5-11 快乐回忆

如图5-12所示的婴儿浴盆的设计,是一个非常优秀的作品。因为市面上所见的浴盆只是一个产品,大人为婴儿洗澡时,一般需要蹲在地上,或者坐着小凳子,对于家长来说洗澡就像一场战斗。在浴盆加上底座,使这一令人头痛的问题迎刃而解。浴盆的设计也颇为贴心,为0~6个月、6~12个月的婴儿设计了不同模块,更加符合宝宝的成长发育,在浴盆旁设计了放置沐浴产品的空间。消费者使用如此优秀的产品,想必会使洗浴成为愉快的亲子时间。

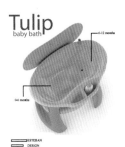

图 5-12　婴儿浴盆　　　　　　　　图 5-13　专为儿童设计的花洒

图 5-14　专为儿童设计的防撞角

（二）趣味性

产品趣味化设计本身是具有独立源头的一种文化现象。在艺术设计发展历程中,趣味化设计形式受到种种复杂因素的影响,包括来自社会群体和其他文化方面的影响,因个体、时代、民族的不同而展示出色彩斑斓的差异。但其艺术价值却相对稳定,有趣的产品从来没有离开人们的视野。

今天,天马行空的趣味化产品更是流行时尚的标志。在后现代主义文化的背景下,新一代的产品除了继承现代主义严谨的功能、理性特点以外,越来越多的设计师不断将"趣味化"的审美元素融入到产品的造型和功能中,新式材料和现代技术都成为演绎新趣味的手段,创造出集实用性和娱乐性于一体、充满人文和艺术情调的可爱产品。用有趣味的形式唤起人们的各种情绪的同时,企业也从中获得了大量的商业利润,"趣味"成为企业创新设计的源泉。因此,从各种角度对这一设计现象进行分析探讨,探究其形成的原因,揭示其成功所带来的启示,对我们寻找产品设计的创新点,具有一定的学术价值。

人们在使用物的过程中,得到不同的信息,引发不同的情感,这是人对外界事物产生的直观认知,一般称为认识的感性阶段。当设计使产品在外观、肌理、触觉对人的感觉是一种"美"的体验或使产品具有了"人情味"时,我们称之为感性。现代产品一般给人传递两种信息,一种是知识即理性的信息,如常提到的产品功能、材料、工艺等等;另一种是感性信息,如产品的造型、色彩、使用方式等。前者是产品存在的基础,而后者则更多地与产品形态生成相关。

玩是一种自愿的活动,在规定的时间和空间,按照规定的规则,充满了紧张和乐趣,具有"不寻常、不老套、非常规"的意味。这就是玩的作用,这就是趣味性的概念在产品设计中的含义。在设计中提出"玩",是针对以往那种刻板枯燥单调压抑的现代生活,创造一种环境,使人以愉快的心情和友好的态度对待它们。"趣味性"——情趣、有趣、童趣,也即个性化、人性化的设计。有时我们需要一些"情趣"化的产品来点缀我们的生活。也许现实生活太残酷、太严肃,人需要幽默来调节紧张的神经。快节奏的现代生活,绷紧的神经难免有疲倦的时候,人在疲倦的时候就想逃避,找到一种生活的情趣,同时也可以把快乐寄托于某个产品之上。

产品在形态表达上给用户一种幽默或者轻松的环境,更容易使用户的直观感觉发生共鸣,获得情绪上的快乐,从而对产品产生积极的、带有倾向性选择的态度。卫浴水龙头产品传达给用户两种信息,一种就是如形式、功能、材料等这些理性的信息;另一种是感性信息,如可爱、沉稳、庄重、有趣等等。产品设计最终的目标是为人服务,所以设计师尽力地考虑到用户的使用情景,尽力地做到使用户在一个比较轻松快乐的行为放生过程中。趣味性设计可以分为以下几个方面:

(1) 形式上的趣味。用户的行为是情感驱动的,用户也常常被生动的形态所吸引。设计师通过形式要素表达趣味的含义,能为用户提供一个广大的想象空间,在看到的时候用户就和产品进行交流和设计师达到思想上的共鸣,便会对产品产生亲切感,从而引起亲切感。

(2) 功能上的趣味。形式是满足功能的实现,在功能操作上设计考虑特有的实现方式,将形式的趣味和功能的实现整体加以考虑并设计,从而真正满足用户各方面的情感需求。趣味性更多地体现在故意突出其娱乐元素的实现程度,也是满足现代消费观念卫浴水龙头造型的情感化设计研究的设计方式。

产品自身形态的确立是产品设计初期所要面临的问题,更多的任务是让材质的感觉、表面的加工处理做到精致,反映生活的乐趣和情调,将一个产品很好地融入到生活中。这种形态的确立包括曲线造型、色彩方案、材质选用、细节设计以及设计的故事性。最为关键的是把握一瞬间的"惊喜感觉",这是趣味性设计的灵魂。

图 5-15　趣味性的卫浴设计

五、卫浴产品的情感表达

卫浴产品设计的情感表达是通过卫浴产品本身来实现的,是否具备情感是判断产品人性化的标准之一,普通产品为消费者提供的是技术的使用和技术所产生的功能,而成功的产品关注的是消费者的情感。人性化的产品关注的是使用者的三种状态:本能的反映、行为的规律、反思的情感。本能的反应关注的是产品的外形,行为的规律关注的是产品使用感受和对功能的感觉,反思的情感关注的是对产品的形象和印象以及对产品情感的回忆和回想。

人类是情感化的生物,情感是人性的构成要素,人性化是以人为中心的观念。人类渴望拥有正面的情感,渴望被关怀、受到重视,向往温暖舒适的感受,同时人类是以族群的形式存在的,单独的个体无法生存,因为人希望交流,在交流中产生共鸣,这是人类情感的特征。

(一)舒适感觉的营造

卫浴产品的设计必须遵循情感化设计的宗旨,要以用户为中心,以用户的需求为设计的原点。注重用户在使用时的感受,包括使用的感觉和心理感受,设计者必须通过一系列的手段和方法唤醒人们内心正面的、积极的意识,同时通过设计消除卫浴活动时的紧张感和负面的情绪。

卫浴产品设计已经摆脱传统造型、色彩、材质及加工工艺的束缚,这得益于科技的发展和人类审美意识的变化,因此在设计意识和用户需求多样化的时代,对卫浴产品设计必须抓住设计的本质特性,为消费者的需求进行设计。对于温暖、舒适感的营造,是卫浴产品人性化的表达途径之一。

在用户使用产品时,为其营造温暖、舒适等美好感受和感觉,需要通过一些特定的产品元素来实现,并且这些美好的感受和感觉必须具备的一个先决条件就是安全。

从材料、结构等方面来考虑可以使用户安全地使用,从色彩、形状等方面看可以使用户不会产生焦虑、烦躁的情绪和心理因素。从恰当的功能设定和人机界面设计来说,使用户可以避免误操作带来的危险,保证安全。

例如科勒品牌艾柯浴缸花洒龙头(图 5 - 16),它有一个独特的功能设定——石蜡温控的阀芯,当水温超过 40 ℃时,龙头会自动限流,防止烫伤。

图 5 - 16　科勒浴缸恒温花洒

1. 动人的形态引发的情感需求

产品形态是用户接触产品的第一印象,产品形态不但要美观大方,同时要带给人们舒适感、温暖感,激发用户诸如喜爱、快乐等等正面积极的情感,进而能够快速地接受产品。符合大众审美的卫浴产品的形态主要可被分为三类:柔化形态、流线形态和仿生形态。

(1) 柔化形态:是在基本几何形态的基础上通过对几何形坚硬的棱和角进行柔化处理产生的形态。柔化形态既包含几何形态硬朗、简练的特征,又包含柔和的因素,容易被人所接受。图 5 - 17 所示的 Laufen 系列卫浴产品。体现了柔化形态的形体特征,表达出现代设计追求速度效率的特征,形态简洁流畅,又在边角处做了柔化处理,体现了情感化设计对形态的要求,不失时代感。

图 5 - 17　Laufen 系列卫浴产品

(2) 流线形态:是以水的动态为启发创造的形态,特点是动态感强,富于韵律感。亲和力强,容易被不同年龄层的消费群体所接受。流线形态的面盆如图 5 - 18 所示。

图 5-18　流线形态的面盆

　　每个不同的消费族群对于形态的认知和感受都有很大的差异,流线形态更加柔和、圆润,同时也更加偏向女性化,给人以亲近柔和的感受。

　　(3)仿生形态:是从自然界中动、植物的形体中模仿出来的,因此仿生形态更加具有生物性和自然性,其特点是比以上两种形态更容易和环境相融合,因为这些形态是从自然界得到。如图 5-19 所示的龙头充分表达了仿生形态的特性。

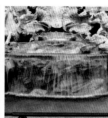

图 5-19　仿生形态的水龙头

　　产品形态是通过影响消费者的视觉感官,进而刺激人内心的情感和情绪,不同个体之间、不同消费族群之间,对形态的感受是不同的。形态是影响人的第一因素,只有满足这个条件设计才能更深入地进行。

　　2. 宜人的产品色彩引发的情感诉求

　　色彩是构成人性化卫浴产品的重要因素,任何一类产品的色彩都有其特殊性,卫浴产品也是如此。色彩和材质与表面处理一起构成了完整的色彩,相同的色彩配置方案使用在不同的材质上,经过不同的表面处理后,就会呈现出不同的效果。材质不同,色彩给予人们的感觉效果是完全不同的。

　　卫浴产品发展至今,对其始终要求色彩的单纯性,局部或小面积的丰富色彩属于点缀和装饰作用,但是产品整体色彩必须是单纯、平稳的基调。

　　通过网络进行卫浴产品色彩的调研,在中国搜房网(www. home. soufang. com),可以看出消费者对色彩的接受程度(图 5-20)。

　　对于卫浴产品色彩要求的调查显示,色彩的要求以古朴怀旧和简洁素雅为主。根据数据结果,卫浴产品的色彩消费者的需求以整体统一的风格为主,但是对色彩艳丽的需求也增加到 15%,这也看出

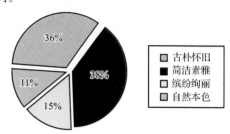

图 5-20　产品色彩调查

消费者对改变色彩的固定模式有一定的需求。

（1）白色是卫浴产品永恒的色彩。白色是卫浴产品的色彩，这一观念已经深入人心，这是由产品的使用性质决定的。卫浴产品的色彩必须传达洁净、卫生、健康的信息，这是人类在进行卫浴活动时的心理需求。从消费者情感上来说白色是最容易被人接受的颜色。

（2）金属色是由产品性质决定的，卫浴产品中的金属配件需要做表面处理，因此卫浴产品中必然有一些产品是金属色。

（3）人性化的产品需要一些活泼的色彩来调节卫浴产品整体色彩单一的问题。调和白色的陶瓷和冷硬的造型带来的呆板、平淡的感受，通过色彩来补偿产品造型上的问题（图5-21）。

图5-21 活泼的色彩元素

色彩具有强大的情感与联想功能，给用户创造充足的联想空间。装饰色彩的合理运用会给卫浴产品带来意想不到的变化。充满生机的图案和纹样在小范围内使用，会给消费者带来温馨的感受。在卫浴产品单纯色彩的空间中加入通过简单图形调配的色彩符号能够激发消费者购买的欲望。

单一和变化对于色彩来说本身就是强对比，没有对比的产品色彩无法体现产品的优越性，合理运用色彩装饰的手法对产品感性设计是有促进作用的（图5-22）。

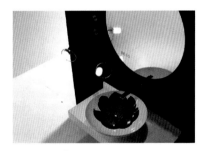

图5-22 装饰性的色彩元素

3. 产品材质的感性

（1）材质和表面处理工艺必须具备良好的可触摸感，光滑、柔和的材质增加与消费者的亲和力，同时也是对使用者生理上的保护。不同的材料肌理所产生的效果与质感是不同的，材料的质感给人视觉和触觉的综合感受。

同样白色的卫生陶瓷，表面的处理工艺不同，给人的触感是完全不同的。表面光滑的陶瓷给人像人体肌肤一样的感觉，表面磨砂的陶瓷给人微涩的触感，表面带有小颗粒的陶瓷给人生物肌体一样的感觉（图5-23）。

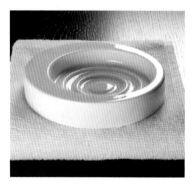

图 5-23　不同质感的陶瓷表面

（2）自然材质的运用可以增加卫浴产品与人的亲和力，符合人们亲近自然的特性。通过天然材质的加工，体现材质天然性，同时具备使用的功能。天然材质的特性取自于自然的材质，这种材质如果用在卫浴产品上，既能够体现自然界的天然特征，同时也能体现人造产品的制造美。把材质更多的属性呈现在用户面前，带来原始的粗犷美（图 5-24）。

图 5-24　天然材质的应用

（3）通过科技手段达到材质的创新，制造与众不同的产品来吸引消费者的注意力。

产品色彩和材质是以形态为载体存在的，形态的特征决定了色彩和材质影响力的大小，产品的形态、色彩、材质是产品的构成因素。

（二）情感交互的建立

图 5-25 所示的是卫浴品牌德国高仪（GROHE）系列水龙头，该品牌拥有近百年的历史，对产品人性化设计尤为注重。产品无论是造型、质感还是使用的舒适度或者使用后水流的动态美感，给人的感受都很出色，也诠释了情感化设计的理念，注重人们反思情感的设计。

图 5-25　德国高仪（GROHE）系列水龙头

情感化设计为我们研究人和产品的综合关系提供了一个方向即从心理学的角度剖析人和产品的联系。这符合人性化设计对人心理的研究，为卫浴产品设计的人性化提供了一个认知的理论和方法。

卫浴产品由于其特殊性，所以更应该在产品的情感交互方面多做工作，使用户在安全使用产品的同时，感受到产品所带来的情感补偿，借助产品的"情感化"设计消除人们的紧张感和其他情绪，进而达到让使用者的到身心放松、消除疲劳、促进健康的效果。1989 年索尼公司设计生产了一种用于淋浴室的收音机 Shower radio，表达了一种在任何地方都可以创造情感关怀的设计思想，用心、体贴的设计理念使用户感动不已，在细节的地方表现关怀。飞利浦公司设计了一系列卫生间使用的电器，同样在表达这种理念。注重情感的交互，进而改变产品固有的使用模式，使人的卫浴生活更加舒适。

1. 激发情感的卫浴产品，使人更快的摆脱负面情绪

如图 5 - 26 所示的一系列男用小便器的设计，自然的造型和生动的色彩，摆脱了产品的机械生硬的模式。

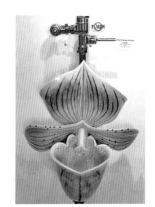

图 5 - 26　造型奇特的小便器

2. 情感交互的产品，可以增加使用的乐趣

如图 5 - 27 所示的是一个能够发光的淋浴器，通过水流产生的动力自发电，使内部的LED 灯发光，并且可通过灯光的颜色判断水温。通过色彩把人和产品相互联系起来，增加乐趣，也增加安全。

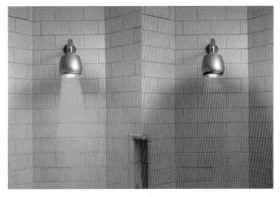

图 5 - 27　变色的淋浴器

卫浴产品造型开发设计

图 5-28 所示的是可爱的牙刷手柄。

图 5-28　可爱的牙刷手柄

　　情感是生命体的重要特征,情感交流是生命体之间的一种交流方式。产品本身其实并不存在情感,是设计师把人类情感交流的一些特征通过一些手法传递到产品中去,是使用者能通过使用产品达到情绪和心理的变化,并且有益于人们的健康,这是人性化设计的目的。使人能够和产品进行交流这是人性化的另一种解释。

第六章
卫浴产品设计的终极目标——人性化

一、人性化设计的基本理论

（一）人性化观念和人性化设计

人性化观念的产生不是一蹴而就的，它来源于哲学对人性的研究。哲学家们不断给人性下定义，随着研究的不断深入和学科门类划分的越来越细致，逐渐演化出人学和人性学，同时对人性的研究也越来越细致。

1. 人性化的属性

人性化指的是一种理念，具体体现在美观的同时能根据消费者的生活习惯、操作习惯，方便消费者，既能满足消费者的功能诉求，又能满足消费者的心理需求。

在人性学中对人性的属性进行分类可分为两大类：即自然属性和社会属性。

（1）自然属性包含三个层面的内容：

人的生理层面的自然属性是人类总是要求拥有快乐而不是痛苦；人的心理层面的自然属性是人类总是要求得到尊重而不是贬抑；人的心灵层面的自然属性是人类总是希望有生命体现最大价值而不是庸庸碌碌。

（2）社会属性也包含三个层面的内容：对人类行为的后果的考虑；对人生长远目标的憧憬和规划；对人生价值如何体现的思考。

2. 人性化观念的产生

正是研究明确了人性中的自然属性和社会属性，才能对错综复杂的人、环境和产品之间的关系有明确的认知，因此人性化的观念才逐渐得以形成。

人性化观念是从对人性的分析和人学当中慢慢衍生出来的，约翰·奈斯比特对人性有这样的描述："无论何处都需要有补偿性的高情感。我们的社会里高技术越多，我们就越希望创造高情感的环境，用技术的软件一面来平衡硬性的一面"，"我们必须学会把技术的物质奇迹和人性的精神需要平衡起来"，实现"从强迫性技术向高技术和高情感相平衡的转变"，表述了他对人性和科技的理解，更加关注人的精神世界。

3. 人性化设计的定义

人性化设计是在设计过程当中，根据人的行为习惯、人体的生理结构、人的心理情况、人

的思维方式等等,在原有设计基本功能和性能的基础上,对建筑和展品进行优化,使观众参观起来非常方便、舒适,是在设计中对人的心理生理需求和精神追求的尊重和满足,是设计中的人文关怀,是对人性的尊重。

人性化设计是科技、艺术与人性相结合的设计体系,科技给设计以发展的动因和丰富功能,而艺术和人性使设计富于美感、真实感、情趣和充满活力。

产品人性化设计是当前世界工业开发新产品的一大趋势,是科技化高度发展必然出现的一种现象。所谓"人性化"设计,就是产品设计处处为使用者着想,赋予心态美、个性美、自然美和人情味的真实感,而且注重方便和舒适,使产品的功能、形态、风格、气氛给人以美的感觉和美的享受。产品的人性化是从人机关系的角度研究产品和机器设备与人之间最适宜的相互作用的方式和方法,从而确定产品和机器设备最合理的使用方式。

图 6-1 所示的是人性化观念和人性化设计的产生过程。

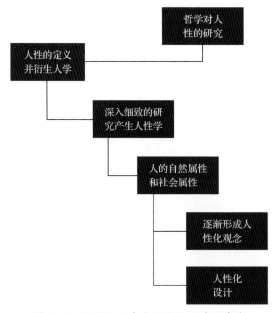

图 6-1 人性化观念和人性化设计的产生

人性化设计的前身是人机工程学的出现和发展,人机工程学起源于欧美,原先是在工业社会中开始大量生产和使用机械设施的情况下,探求人与机械之间的协调关系。其作为独立学科,已有 50 多年的历史。第二次世界大战中的军事科学技术,开始运用人机工程学的原理和方法,在坦克、飞机的内舱设计中,如何使人在舱内有效地操作和战斗,并尽可能使人长时间地在小空间内减少疲劳,即处理好人—机—环境的协调关系。及至第二次世界大战后,各国把人机工程学的实践和研究成果迅速有效地运用到空间技术、工业生产、建筑及室内设计中去。1960 年创建了国际人机工程学协会。当今,社会发展向后工业社会、信息社会过渡,重视"以人为本",为人服务,人机工程学强调从人自身出发,在以人为主体的前提下研究人们衣、食、住、行以及一切生活、生产活动中综合分析的新思路。

(二)人性化设计、通用化设计和情感化设计的区别

人性化设计是指在设计过程当中,根据人体的生理特性、人的心理变化、人的思维方式、

人的行为习惯等人的因素,在产品基本功能和性能的基础上,对产品进行优化,让使用者在和产品产生关联时感到方便、舒适、快乐和被关怀。人性化设计是在设计中对人的心理生理需求和精神追求的尊重和满足,是设计的关怀,是对人性的尊重。

通用化设计主要关注产品的使用和人对产品的使用感受。当我们面对一个产品,发现形形色色的开关、按钮、结构遍布于产品之上,而我们又不知道从何处下手,甚至不知道该如何启动产品时,确实非常难过。或者我们只能拿着几十页或上百页的操作说明书看上半天,这无疑会浪费我们很多精力。

产品是应该为人服务的,简便的操作、快捷的使用是产品应当具备的素质,而设计师对于产品易用性的设计更是非常重要。易用设计原则应当具备以下几个原则:

(1)对产品的操控上,使用户能够快速理解,操作原理简单。

(2)简化操作任务的结构,尽量在可视化阶段完成。

(3)建立正确的匹配关系,尽量利用自然匹配。

(4)利用自然和人为的限制因素,使用户只能看出一种操作方法,避免可能出现的错误。

图6-2所示两种卫浴产品的开关,在可视化方面做得较好,并且自然限制了操作的可能性。

图6-2 开关设计

(5)利用标准化的元素。

现在世界的科技日新月异,更多的技术运用到卫浴产品当中,比如像智能坐便器等等智能化的产品已经大行其道,但是智能化不代表好用,智能化不代表易用。易用性原则是人性化设计的基本原则,因为我们设计的产品不是为了炫技,而是为了让人方便舒适地使用。

而情感化设计则更加注重产品的情感属性和人机之间的情感交互。情感化设计来源于心理学家对人类情感的研究,包括人类的情绪和情感以及情感的工作方式,即通过神经化学物质来浸润某一特定区域,来修正知觉、决策制定和行为。人类的情感和认知都是属于信息处理系统,它们功能不同:情感系统帮助你迅速确定环境中的事物的好和坏、优和劣、安全和危险等等;情绪是情感的意识体验,具有特定的原因和对象。

人性化设计则更加全面地涵盖易用性设计和情感化设计,高度更高,对人和科技之间的关系研究更加透彻。

三者的区别见表6-1。

表6-1　人性化设计、易用性设计和情感化设计的区别

	通用化设计	情感化设计	人性化设计
联系	重视人机工程学,着重强调易用、好用	以人机工程学为基础,更强调产品的情感性	以人机工程学为基础,研究包含人性的自然性和社会性
区别	1. 对产品的使用更加关注; 2. 对适用人群没有明确的界定; 3. 解决设计的某个方面的问题	1. 对产品和人的交流更加关注; 2. 对适用人群没有明确的界定; 3. 解决设计的某个方面的问题	1. 产品、人、环境、社会之间的和谐、自然关系为目的的设计; 2. 为所有人进行的设计; 3. 对设计全方位的研究

二、卫浴产品的人性化设计表达的基本途径

(一)人性化设计的通用需求

1. 多样化时代的设计意识

无论什么时代,消费者都会对某些产品设计感到不满,设计一种对产品设计完全满意的产品是完全不可能的事情。产品的设计会受到诸多因素影响而改变产品设计的规划,必须找到一种方法使设计的产品尽可能地满足所有消费者,也就是满足消费者的通用需求。但是我们身处这样一个多样化的时代,做到满足通用需求是很困难的,因为企业在追求产业发展最大化的经济效益,并且忽视消费者的状况。因此,为了满足消费者的通用需求我们必须找出设计意识在社会中存在的意义和价值。

在当今这个时代,不但要求设计师具备设计意识,对消费者同样也要具备设计意识,这样设计出的产品才能更好地满足消费者的需求。人们要观察并且关注生活中的不方便,而人性化设计关注的地方往往就藏匿在这些"不方便"之中。设计师应当重新以消费者的角度为出发点并且用心地关心设计和产品在使用上给消费者带来的不便。设身处地地站在消费者的角度重新审视产品和设计,这是多样化时代设计者应具备的设计意识。

在使用卫浴产品时消费者同样会面临诸多的不方便。以淋浴花洒为例,市场中的该类产品众多,但大多数的产品设计时并没有站在消费者的角度去考虑使用的问题,同时消费者在购买时也不会过多地考虑使用时会否产生不方便或者全家人是否都可以用这个产品,这是双方人性化设计意识不健全导致的结果。

如图6-3所示为科勒品牌的淋浴器"水魔方"。这是一款多种模式相互组合的淋浴器,可以根据用户自己的意愿选择套件,分为垂直、倾斜、水平和自由多个方向,而且每组淋浴头可单独控制,这种设计可以满足多种人群的不同需求,而且可以按照自己喜欢的方式进行组合。

图6-3 科勒的淋浴器"水魔方"

市场上比较普遍的淋浴器(图6-4)和科勒的淋浴器相比,两类产品之间的差别是很明显的,人性化设计给不同的人群提供不同的"选择"。

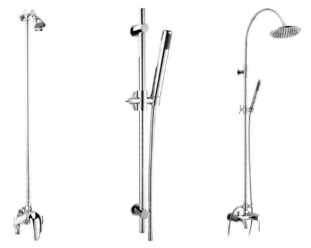

图6-4 普通的淋浴器

人性化设计观念是为人类更快乐地生活,但是人性化设计不是单方面的问题,不仅仅是设计师需要完成的任务,需要消费者同时也具备人性化的设计意识,这样两方面可以形成良好的互动。

2. 不同消费族群的需求

人性化设计是一种关于设计的全方位的思考,思考关于人类,思考什么是人类最需求的。思考的内容属于科学范畴,我们可以经过探索得到我们想要的答案。

首先,人类要满足本能的需求,人类需要衣、食、住、行,这些能够让人类正常生活;

其次,人类要满足个性的需求,让自己有别于其他人,这是人类证明自己存在的需求;

再次,人类需要情感,需要交流、关怀、爱,这是人类意识上的需求。

因此,当我们知道人的需求时才能进行设计,这是人性化设计的首要原则。关于卫浴产品的设计,在当今产品研发周期越来越短的情况下,产品的设计越来越困难,而且产品设计的划分越来越细致,只有真正抓住人和人群的特点,我们的设计才会有特点,才能做到人性化。

(1) 消费者以群体进行分类

人类的身体特点和能力、内心的感受都是因人而异的,每一个个体都是不同个性的存在,每一个相异的个体存在构成人类的社会,在这样的社会中想用一种标准来满足所有人的需求,就会造成产品无法使用的结果,或者无人使用这种产品。

①消费者群体的概念

群体或社会群体是指两人或两人以上通过一定的社会关系结合起来进行共同活动而产生相互作用的集体。群体规模可以比较大,如几十人组成的班级;也可以比较小,如经常一起逛街购物的两个好朋友。具有某种共同特征的若干消费者组成的集合体就是消费者群体。凡是具有同一特征的消费者都会表现出相同或相近的消费心理行为,因为同一群体成员之间一般有较经常的接触和互动,从而能够相互影响。

社会成员构成一个群体,应具备以下基本条件和特征:

A. 群体成员需以一定纽带联系起来。如以血缘为纽带组成了家庭,以业缘为纽带组成了职业群体。

B. 群体成员之间有共同的目标和持续的相互交往。如电影院里的观众就不能称为群体,因为他们是偶然和临时性地聚集在一起,缺乏持续的相互交往。

C. 群体成员有共同的群体意识和规范。

②消费者群体的形成

A. 消费者群体形成的原因

消费者群体的形成是消费者的内在因素和外部因素共同作用的结果。

a. 消费者因其生理、心理特点的不同形成不同的消费者群体:消费者之间在生理、心理特性方面存在诸多差异,这些差异促成了不同消费者群体的形成。例如,由于年龄的差异,形成了少年儿童消费者群体、青年消费者群体、中年消费者群体、老年消费者群体。由于性别的差异,形成了女性消费者群体、男性消费者群体。这种根据消费者自身生理及心理特点划分的各个消费者群体之间,在消费需求、消费心理、购买行为等方面有着不同程度的差异,而在本群体内部则有许多共同特点。

b. 不同消费者群体的形成还受一系列外部因素的影响:生产力发展水平、文化背景、民族、宗教信仰、地理气候条件等,它们对于不同消费者群体的形成具有重要作用。例如,生产力的发展对于不同的消费者群体的形成具有一定的催化作用。随着生产力的发展和生产社会化程度的提高,大规模共同劳动成为普遍现象,因而客观上要求劳动者之间进行细致的分工。分工的结果使得社会经济生活中的职业划分越来越细,如农民、工人、文教科研人员等。不同的职业导致人们劳动环境、工作性质、工作内容和能力素质不同,心理特点也有差异,这种差异必然要反映到消费习惯、购买行为上来,久而久之便形成了以职业划分的农民消费者群体、工人消费者群体、文教科研人员消费者群体等。又如按收入不同,消费者群体可划分为最低收入群体、低收入群体、中低收入群体、中等收入群体、中高收入群体、高收入群体等。此外,文化背景、民族、宗教信仰、地理气候条件等方面的差异,都可以使一个消费者群体区别于另一个消费者群体等。

B. 消费者群体形成的意义

消费者群体的形成对企业生产经营和消费活动都有重要的影响。

首先,消费者群体的形成能够为企业提供明确的目标市场。通过对不同消费者群体的划分,企业可以准确地细分市场,从而减少经营的盲目性和降低经营风险。企业一旦确认了目标市场,明确了为其服务的消费者群体,就可以根据其消费心理,制定出正确的营销策略,提高企业的经济效益。

其次，消费者群体的形成对消费活动的意义在于调节、控制消费，使消费活动向健康的方向发展。任何消费，当作为消费者个体的单独活动时，对其他消费者活动的影响及对消费活动本身的推动都是极为有限的。当消费活动以群体的规模进行时，不但对个体消费产生影响，而且还有利于推动社会消费的进步，因为消费由个人活动变为群体行为的同时，将使消费活动的社会化程度大大提高，而消费的社会化又将推动社会整体消费水平的提高。

此外，消费者群体的形成，还为有关部门借助群体对个体的影响力，对消费者加以合理引导和控制，使其向健康的方向发展提供了条件和可能。

③消费者群体的分类

在现实生活中，人们会发现许多消费者尽管在年龄、性别、职业、收入等方面具有相似的条件，但表现出来的购买行为并不相同。这种差别往往是由于心理因素的差异造成的，可以作为群体划分依据的心理因素是生活方式。

在依据生活方式划分消费者群体方面做得最为成功的是美国的 SRI 国际研究机构。SRI 在全美抽取了 2500 名消费者进行问卷调查，收集消费者心理特征的数据，建立了著名的数据库 VAS(Vaue Attitudes and ieStyes)，并且不断更新。VAS 将消费者分为 8 个群体：

A. 实现者。这类消费者拥有最为丰厚的收入、很高的地位、强烈的自尊、丰富的资源，这使得他们在大多数情况下可以随心所欲地消费。他们位于最高层，对于他们来说，个人形象非常重要，因为这显示了他们的品位、独立和个性。这一类消费群体喜欢挑选名贵和个性化的产品。

B. 尽职者。这类消费群体在原则型消费群体中拥有最丰富的资源。他们受过良好的教育，成熟且有责任心。他们闲暇时间大多待在家里，但却很关注时事，了解各种信息和社会变化。他们虽然收入颇丰，却持有实用主义的消费观念。

C. 信任者。在原则性消费群体中，这类消费群体拥有较少的资源。他们思想保守，消费行为易为预测。他们喜欢本国本地的品牌和产品。他们的生活围绕着家庭、社区和国家。他们拥有中等收入的水平。

D. 成就者。这类消费者在地位导向性消费者中拥有较多的资源。他们事业成功，家庭幸福。他们在政治上比较保守，尊重权威和地位。他们常会选择同伴评价很高的产品和服务。

E. 争取者。这类消费者在地位导向性消费者中拥有较少的资源。他们的价值观与成就者相似，但收入较低，地位较低。他们试图模仿所尊重和喜爱人的消费行为。

F. 实践者。这类消费者在行动导向性消费者中拥有较多的资源。他们是最年轻的群体，平均年龄 25 岁。他们精力充沛，喜爱各类体育活动，积极从事各种社会活动。他们在服装、快餐、音乐以及其他一些年轻人所喜爱的产品上不惜钱财，尤其热衷于新颖的产品和服务。

G. 制造者。这类消费者在行动导向性消费者中拥有较少的资源。他们讲究实际，只关注与自己息息相关的事务——家庭、工作和娱乐，而对其他一切毫无兴趣。作为消费者，他们更倾向于实用功能型的产品。

H. 谋生者。这类消费者收入最低，他们生活在最底层，拥有最少的资源，为满足基本生活需要而奋斗。他们是年龄最大的群体，平均年龄为 61 岁。在能力范围内，他们忠诚于自己喜爱的品牌。

④消费者群体对消费心理的影响

A. 消费者群体为消费者提供可供选择的消费行为或生活方式的模式

社会生活是丰富多彩、变化多样的。处于不同群体中的人们，行为活动会有很大差别。例如，营业员在为顾客服务时，要求仪表整洁、服装得体、举止文雅，但不要打扮得过于时髦。

而电影明星在表演时要适应剧中角色的要求,更换各种流行服装和发式。这些不同的消费行为通过各种形式传播给消费者,为其提供模仿的榜样。特别是对于缺乏消费经验与购买能力的人,他们经常不能确定哪种商品对他们更合适。在这种情况下,消费者对消费者群体的依赖性超过了对商业环境的依赖性。

B. 消费者群体引起消费者的仿效欲望,从而影响他们对商品购买与消费的态度模仿是一种最普遍的社会心理现象,但模仿要有对象,即我们通常所说的偶像。模仿的偶像越具有代表性、权威性,就越能激起人们的仿效欲望,模仿的行为也就具有普遍性。而在消费者的购买活动中,消费者对商品的评价往往是相对的,当没有具体的模仿模式时,不能充分肯定自己对商品的态度。但某些消费者群体为其提供具体的模式,而消费者又非常欣赏时,那么会激起其强烈的仿效愿望,从而形成对商品的肯定态度。

C. 消费者群体促使行为趋于某种“一致化”

消费者对商品的认识、评价往往会受到消费者群体中其他人的影响,这是因为相关群体会形成一种团体压力,使团体内的个人自觉不自觉地符合团体规范。例如,当消费者在选购某种商品,但又不能确定自己选购这种商品是否合适时,如果群体内其他成员对此持肯定的态度,就会促使他坚定自己的购买行为。反之,如果群体内其他成员对此持否定的态度,就会促使他改变自己的购买行为。

(2) 对消费者族群的分析

用科学的方式来分析个体的差异是简单的,但是如果套用在一个族群里就会变得很困难,必须找到一种方法来分析族群的差异,第一步就是了解消费者的需求。以卫浴产品为例,从认识卫浴产品的形态来看就存在着很多族群。谈到水龙头,众多消费者心目中对水龙头具体的形象的认知都不同。科学地对消费者心目中水龙头的具体形态进行调查、归类整理、最后形成报告,就会得出水龙头形态喜好的不同族群的完整信息。

第一,通过对消费者的普遍调查勾画出消费者族群的大型轮廓,配合调查者自身感受到的对产品的不适应感和不方便感,对族群进行笼统的分类。

第二,探讨所分析的族群形成典型或倾向的原因是什么,根据这些原因形成要调查的主题,目的明确地对族群分类。

第三,发现并整理出各个消费族群的主题和不适应感,就达到对消费族群分析的目的,为产品设计提供充分的设计依据。

例如:对卫浴产品功能需求的市场调查中,把消费者族群简单的分类,例如儿童、青年、中年、老年。

儿童需要的产品功能不需要很多、很复杂,由于儿童对于逻辑性的理解较差,所以他们对感性刺激较强的产品需求较大,容易打动这个族群的用户。

青年群体年轻,充满活力,对新鲜事物的求知欲很强,所以这个群体对于刺激性较强的产品接受能力很强,对设定新奇的功能,这个消费族群是最容易接受的。

中年群体,由于生活的经验逐渐增多,对新、奇功能的接受力下降,更注重产品功能的实用性,对于产品功能需求要符合生活规律。

老年群体生理机能下降到人生最低的水平,对新鲜事物接受能力很低,要求功能简单、实用、易操控,学习能力也很差,因此,对老年人产品的功能设定一定不能复杂。

这些只是笼统分类,更加细致的分类可以根据年龄、体貌、行为能力、心理需求等等类型对消费族群进行细分。

①按不同年龄划分

A. 婴幼儿消费群体：年龄范围在 0～6 周岁，是年龄最小的消费群体。

B. 少年儿童消费群体：年龄范围在 6～15 岁，这个年龄阶段的消费者生理上逐渐呈现出第二个发育高峰。

C. 青年消费群体：年龄范围在 15～30 岁，这个年龄阶段的消费群体实际上可分为青年初期和晚期两个时期。

D. 中年消费群体：年龄范围在 30～60 岁，这个年龄阶段的消费者，心理上已经成熟，有很强的自我意识和自我控制能力。

E. 老年消费群体：年龄范围在 60 岁以上，这个年龄阶段的消费者在生理和心理上均发生了明显的变化，由此形成了具有特殊要求的消费者群体。

②按性别不同划分

A. 女性消费群体：

国外的一个调查资料表明，由妇女购买的家庭消费品占 55％，男士购买的占 30％，男女共同购买的占 11％，孩子购买的占 4％。我国的成年女性，多从事自己的职业，在消费者中占的比重比国外的略低，但家庭购买仍然是以女性为主。

B. 男性消费群体。

③按不同职业划分

A. 农民消费群体。

B. 工人消费群体。

C. 知识分子消费群体。

D. 行政单位工作人员消费群体。

对不同消费族群的需求进行调查、分析、归纳、整理，得出的结论才是人性化设计的设计目标。设计的目标来源于消费者的不适应感，把不适应感总和在一起就是族群的需求，有需求才能有设计的活动。

（二）对特殊人群的人性化关爱

1. 对老龄社会下正常活动能力不足或衰退人群的关爱

为正常活动能力不足或衰退者提供保护和关爱的卫浴产品。

（1）儿童卫浴

儿童占世界总人口的 19.4％，这是我们无论如何也不可能忽略的数据，而且专为儿童设计的卫浴产品还非常少。针对儿童设计的卫浴产品，设计分类应该更加细致，同时这类产品也具备多模式操作的功能，在满足弱势群体同时也可以适用于正常人，不至于产生资源浪费、重复设计。这是人性化设计观念关注的焦点之一。专为儿童设计的卫浴产品如图 6-5 所示。

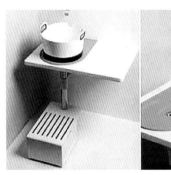

图 6-5　专为儿童设计的卫浴产品

这组洗浴产品的设计包括面盆、洗手台、水龙头、儿童脚凳、浴缸座椅。整套产品简单实用,但是处处体现人性化的关怀。可旋转的脚凳设计适合儿童使用,操作简单,结构合理,依附在下水管道上,成人使用时只需将其转入洗手台下。面盆为分离式设计,可满足不同人群使用。浴缸的座椅,儿童或老人均可以使用,并且可以任意摆放位置,非常人性化,满足通用需求。

美国著名卫浴品牌美标(American Standard)也将研发热情涉及儿童的需求范畴,2006 年在中国市场推出了一款名为 MINI-ME 的儿童分体马桶(图 6-6),造型圆润,马桶盖为夺目的奶酪黄,尺寸(W)364×(L)630×(H)752,也符合儿童使用。但是销售成绩不太乐观,主要原因是外观形式过于成人化。

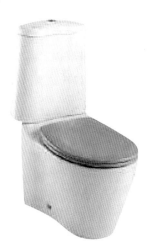

图 6-6　美标 MINI 儿童分体马桶

从国外已有的案例不难发现,国外儿童的卫浴设施大多是单独划分出来并安置在一个单独的空间来给儿童使用。设计方面注重产品的造型和色彩的搭配,适合儿童心理和审美喜好,造型上适合儿童的身材尺寸。

在中国,随着经济结构的调整,人们收入水准大幅提升,住房水平、生活质量显著提高,儿童又是现代家庭的中心所在,所以很多父母在装修房子时会将儿童卧房纳入装修计划内,希望给予他们惬意的生活环境。但对于住房相对紧张的家庭,并不适合单独划分出一个区域作为儿童使用的卫浴空间。同样,在购买力方面,也不适合因为儿童的成长而频繁地更换卫浴设施。就如何解决儿童在家庭卫浴设施使用不便捷性的问题上,因为儿童卫浴市场本身的狭小、低迷，也普遍放弃购买欲望而不再关注，而选择别的途径予以解决，例如增加对儿童洗浴的全程帮助等等。

图6-7　麦当劳洗手台

相比之下，很多公共场所卫生空间的设施水平有所提升，北京、上海等大中型城市的高档商厦酒店以及一些以儿童为主消费人群的消费场所已扩大关注儿童群体的特殊需求。从国外引进前端的儿童卫浴便捷产品，提供儿童新型的卫浴体验。布局处理上也仿照国外设计，比较合理和人性。正如大家看到比较多的麦当劳餐厅，卫生区域配备有适合成人和儿童共同使用的高低洗手台（图6-7）。不过和国外相比较，公共场合中这些适合儿童行为尺寸的洗浴产品普及率还远远不够，而且也缺乏本土品牌自主研发的适合中国儿童的卫浴产品。

国内的一小部分洁具企业受德国唯宝、凯乐玛等大品牌洁具制造商的影响，意识到经济发展带给儿童卫浴市场的广阔前景，纷纷瞄准儿童卫浴设施未来的巨大商机，开始着手为儿童消费群体设计系列洁具。设计师以儿童的身高及使用特点为基础，洗脸台、坐便器、浴柜的造型及规格都依据孩子的身心特点进行开发与设计，以为孩子提供最大限度的便利为目的。

国内一线品牌鹰牌卫浴，基于"品质好，生活好"的理念，开始兼顾儿童需求，全方位贯彻品牌热衷的"以人为本"设计开发精神，开发儿童卫浴产品。2006年，鹰牌卫浴闪亮推出六款全新概念的小天使儿童系列产品，其中小便器、蹲便器均以童趣的卡通动物造型构思设计（图6-8）。传统的器皿结合卡通动物的造型，亮丽的色彩和自然的形态营造了童真的雅趣卫生间，小巧、新颖、可爱，配合色彩釉面装饰，活泼生动，增添了卫生洁具使用的趣味性。小天使系列中苹果盆、柳橙盆的设计构思源于甘甜诱人的红苹果，造型饱满圆润生动，高温烧制的彩色釉面，色泽鲜艳亮丽，遵循儿童生活的特点进行设计，产品体积、大小、颜色等方面均以儿童的生理及心智特征为开发依据，体现了鹰牌卫浴对儿童的无限关爱。

图6-8　鹰牌小天使系列的小便器

但是就我国目前大城市普通家庭的住房条件来讲，这种单独为儿童安置卫浴设施的想法并不现实。虽然这些卫浴设施的产生填补了市场上儿童卫浴设施的空白，但是由于使用群体的局限性，并没有从根本上满足大多数儿童对卫浴产品的需求。

我国对于儿童卫浴产品的切实研究非常少，现有的产品也是一味地模仿，很少有设计师会结合我国现实的生活环境来考虑，做出适合我国居住条件的设计。现有的儿童卫浴产品，只是对使用方面的考虑，欠缺产品与儿童情感方面的交流研究。国产儿童产品进入市场后，整体效果不太乐观，产品单一的功能、老套的造型及配色等等，没有得到消费者的消费共鸣，更无法调起父母潜在的购买需求。

儿童卫浴市场出现如此显著问题，究其关键原因还是企业对儿童卫浴设施的前期研究投入不足,开发前期没有对目标人群以及周边因素做好充分的定性及定量分析,没有花足够的人力、财力关注分析中国儿童的生存空间、生活习性、个性心理以及其他的影响因素,甚至有的企业为了缩小调研资金,减少研发成本,照搬国外儿童卫浴品牌的研究分析资料,直接用来为我国儿童进行参照设计。中西文化背景和儿童身心状况的差异让产品在国内市场的销售一再受阻。没有准确全面的国内市场分析,自然影响产品形成的各个方面,再加上营销方式也有问题,导致目前市场销售的成熟产品还是寥寥无几,更是无法导向和提升现代儿童家庭在这方面的消费指数。

(2) 老年人卫浴

我国已经步入老龄化国家,关爱老人的产品,也是为我们自己的将来进行设计,意义重大。

图6-9显示的是专门为老人等弱势群体设计的卫浴产品。

图6-9　为老人设计的浴缸

这些特殊群体和正常群体有较大区别和一些特殊需求,全面地对人群需求进行关注才是真正的人性化观念所应具备的。

2. 对残障人群的关爱

无障碍设计(barrier-free design)来自于联合国1974年提出的一切有关人类活动的公共空间环境以及各类建筑设施、设备的规划设计,都必须充分考虑具有不同程度生理伤残缺陷者的使用需求,配备能够应答、满足这些需求的服务功能与装置,营造一个充满爱与关怀生活环境。

中国残疾人的比例很高,至2006年12月我国各类残疾人总数达8 296万人,占全国总人口比例的6.34%。我们面对这么多不同类型的残疾人的数据时,不得不仔细审视人性化设计的包容性。为正常人的使用和需求设计只是普通设计,但当我们真正地站在这些非正常能力的人的角度去考虑设计的整体,才算是对人性化设计观念的全面认知。

无障碍设计为产品设计的研究和发展提供了一个更加人性化的方向,对弱势人群的关爱和保障是人性化设计理念的又一个关注焦点。人性化设计不是空洞的理论和口号,它更加关注人们的生活质量和生存状态。因此无障碍设计的原则对人性化设计观念有很大的推动作用。

（三）人性化设计对未来的关注

1. 对未来卫浴产品需求调查

对卫浴产品发展趋势的研究，决定了人性观念的发展和延续。未来会发生什么，我们没有任何线索，我们只能根据现在的情况对未来产品的发展作推测和判断，以用户现在的需求为着眼点，观察用户对于卫浴产品需求的不同的变化，以便于我们整理出一个未来产品发展趋势。

通过网络对卫浴产品未来的形式和功能做调查、分析，以便对消费者的未来需求有准确的掌握。

对卫浴产品未来的发展趋势做了调研后发现，卫浴产品人性化设计依然是未来的发展趋势，人们渴望得到适合他们生活的卫浴产品，产品的功能更多、更准确，使用更舒适，更节能，这些用户的需求无不体现了消费者对人性化设计的真正需求。

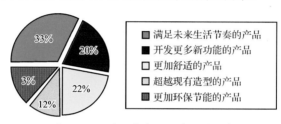

图 6-10　关于未来卫浴产品的调查

在对卫浴品牌的现状和卫浴产品的现状进行充分的市场调研的基础上，对卫浴产品的设计提出了要求，一切设计必须建立在准确的数据基础之上，只有这样，设计才能做到以人为本，设计出的产品才能符合消费者的需求。未来卫浴产品的发展方向依然是人性化设计的方向。

2. 未来卫浴产品的发展

卫浴产品设计、研究发展到今天，无论从造型、色彩、功能、科技等等方面来看都已经达到一个相当的高度，就卫浴产品本身来说，产品的功能和形式达到了相当和谐的阶段，注重形式的产品其功能性同样很科学、合理；另一方面注重功能的产品，其形式也很完整，符合大众的审美标准，两者之间只是侧重点不同。居安思危，人性化的观念要求我们对未来产品进行预测，通过对市场现有产品的分析产生以下观点：

（1）卫浴产品将向高智能化发展

科技引领时代的发展，新技术的诞生为产品的研发带来革命性的变化。世界顶级卫浴展 2009 意大利博洛尼卫浴展中展出的 TOTO 最新的智能卫生间，一切都靠人体热感应装置来感应并且通过控制芯片控制卫生间的设备，当用户使用马桶或浴缸等设备时，感应装置感应人体位置，自动工作，完成后自动冲洗，并且自动控制灯光，温度等设施。可以预见，以计算机为核心的高智能卫浴间的出现只是时间问题。

（2）在造型、色彩、材质上将打破现有产品的限制

卫浴产品的造型、色彩、材质较之以前已经有了巨大的变化，从单一的白色到现在的五颜六色；从风格简单的造型风格到现在各种形态的出现，直线造型、曲线造型、流线造型、仿生造型、意象造型等等。材质的研发使得更多的天然、人工材质在卫浴产品中出现。随着卫浴产品的发展，将会有更多的形态被设计出来，同时这些形态将更贴近人们生活（图 6-11）。

图 6-11 形、色、材各异的卫浴产品

三、卫浴产品人性化设计的方法

（一）以用户为中心的观察

以用户为中心的设计（user-centered design）方法是以用户背景调查为设计基础，以用户需求为设计目标的设计方法。以用户为中心的设计被简称为 UCD。以用户为中心的设计注重用户体验（user experience），主观地在用户使用一个产品（服务）的过程中建立起来的心理感受。对于界定明确的用户群，通过以用户为中心的设计可以得到明确的用户体验，掌握用户明确的需求。

1. 观察的方法

深入且真实的观察需要设计者深入到用户的生活环境当中，与用户一起完成与工作和任务相关的工作，真正融入到用户的生活当中。观察用户的生活习惯和行为规律，通过谈论与设计有关的内容，得到真实的用户需求和用户体验。特别是沉浸在用户生活当中，会得到其他观察调研方法得不到的准确信息。这种观察方法能够观察到用户完整的活动过程的信息，这是对观察真实性的保证。

UCD 的观察方法为了达到观察的真实性和广阔的调查范围，必须遵循以下几点原则：

（1）观察各式各样的使用者

在掌握用户的不方便感后，必须对各种不同类型的用户进行观察，不能局限于某个年龄层或职业群体，也不能局限于性别，要对有代表性的用户进行观察。排除观察者先入为主的观念，客观地观察用户的活动，一切以观察到的现象为依据。观察的方式保证定点观察和移动观察。

（2）深入实地的观察

深入实地的观察是深入用户生活环境当中，与用户一起完成工作，通过交谈和观测达到观察的目的。

（3）整理出主题，并对主题集中观察

整理出与我们研发有关的主题，对对象的行为和动作进行分类，以便于集中观察不同族群用户多样化的行为习惯。

（4）实践观察方法

通过对一组两套不同色彩的彩色卫浴产品进行调查来说明卫浴产品设计的观察方法。

图 6－12　调查卫浴产品

由于卫浴产品的特殊性,卫浴产品在使用时对于私密性的要求极高,我们无法采取定点和移动的观察方法,但是必须要得到消费者使用的真实感受和评价,所以采取情境调查的方法对这组卫浴产品进行调查。

①通过建立有效的观察情境对卫浴产品的使用感受及评价进行收集,找出消费者使用的不方便之处,把卫浴产品安装在某酒店的卫生间内,举行小型的聚会,邀请7～8位可能属于不同群体的人参加,包括不同年龄、性别和职业的人参加。

②通过观察聚会活动的过程,这些不同年龄、性别、职业的人都使用卫生间,通过对他们的表情及神态、动作的观察得出他们最直观的使用感受。

③通过使用后随意询问关于卫浴产品使用的感受,获得最真实的评语。注意性别的差异和问询的方法。

④当每位使用者都使用过产品后,邀请所有的成员重新进入卫生间进行观看,并且逐一对他(她)们进行详细的询问,把事先整理好的主题问卷让他们填写,同时完成这次调查。主题问卷根据不同的产品设计重点进行设计。

⑤把观察到的用户的表情、神态和第一次简单问询的内容形成书面化的语言,并且把主题问卷三者结合起来,形成真实、有效的调查表格。

2. 对观察结果的分析

(1) 关注用户的评语

在对用户尽心调查后,获得第一手的用户评价,一定要关注用户的评价,逐一地分析和验证,可以整理出用户的心理和行动的分布图。利用分布图可以掌握用户对产品使用的不适应感。仔细分析消费者所用的词汇,可以从中找出用户对设计的评价和想法。消费者和生产者都会对产品有在意的问题和忽略的地方,通过评语就可以找出双方对设计的观点。

(2) 对评语的分类

对用户评语进行分析,从中找出肯定类和否定类和中间类进行评语的分类,能有效地对评语进行理解,进而推测出用户真正的意思。掌握用户对设计的态度和观点。

(3) 利用单一的标准来分析

用单一的评价标准来分析消费者的评语,进而深入地了解消费者的想法,这样可以很容易地制定出实施与消费者实际使用的调查方法。

例如:针对卫浴产品使用的调查结果对用户的评语进行分析,得到以下评语:"产品的颜色很特别"、"产品的颜色很好看"、"产品的颜色比白色有生气"、"形状很可爱"、"洗手盆不太好用"、"悬挂式坐便觉得不安全"等等的评语。通过对评语的分类,以肯定、否定和中性的分类方法进行分类,以此得出最后的结论和评语分析。对于产品使用的舒适度、形态、色彩等

方面会有真实直观的评价。

3. 总结和展示

(1) 总结

对收集来的用户对产品的评语加以总结,把评语的内容按照词性来分类,如动词分为一类,名词分为另一类这样的方法。例如:对产品形态的评语:"形态很好看","形态"是名词,而"好看"是形容词。总结出词语分布,从而得到对产品肯定或否定的结果。

把结果总结成图像或图表的形式,得出调研的结论。

(2) 展示

把结果以图像或视频的形式向设计团队的其他成员展示,以生动的形式展示出结果中的重点内容,以求其他成员能够很好地理解并记住调研的结论,为更好地开展下一步工作做好准备。图 6-13 是针对卫浴产品的评价结果制作的图像。

以用户为中心的设计观察方法是一套完整的体系,从观察到分析、到结论、最后到展示,每个环节之间是有机联系的,不可割裂开来。

图 6-13　结果展示

(二) 以易用为主导的人机交互研究

一个产品无论外观设计多么吸引人,但是在使用时需要阅读一叠厚厚的说明书都是大多数人无法接受的事情。我们在沐浴时或者如厕后发现我们的卫浴产品有诸多相似的按钮或开关,这会给我们带来相当大的困扰,会不会误操作带来危险? 这是人们保护自己的本能反应。简单、易用是人性化设计的一个重要因素,对于卫浴产品来说更是如此,操作简单但功能丰富是人性化设计追求的方向。

重视卫浴产品与使用者之间的人机交互,以人机交互的方法进行有效的产品设计,目的是创造简单、易用的产品。首先,产品给用户的可操作指示是人机交互的第一步。

1. 可操作指示

人性化的产品之所以包含易用性这一重要特征,就是因为人性化的产品通过产品的外观和结构或图形给予用户可操作性的指示。指示是人与产品沟通的首要条件。用户经由视觉接受产品指示信息,指示的形象植入用户视觉感受之中。在用户心理学中,用户对指示的辨识包括心理形态、模板、特征分析和形态辨别。指示的形态通过视觉来感知,而材质的性能则通过触感来辨别。因此可操作指示包含以下几点原则:

(1) 保证使用者能够随时看出哪些操作是可行性的。

(2) 注重产品的可视性,包括整体的形象、可供选择的操作和预判操作的结果。

(3) 便于用户掌握产品的工作状态和工作效果。

(4) 在用户想法和所需操作之间、操作和结果之间建立自然匹配关系。

2. 使用过程——故事版

产品设计的故事版是指,按照产品操作流程分步骤描述出来,可以用文字的形式或者图形的形式,用于设计评估和用户评估,它是使用过程或服务过程完整的体现。

以水龙头的操作为例制作水龙头操作故事版。

（1）产品功能结构注解

水龙头的设计如图6-14。水龙头是一种控水装置，通过和管道连接由阀门控制水的开关、流量、冷热等，是分别连接入水和出水的控制器。

图6-14　三联式水龙头注解

（2）故事版的制作

通过人手来握持控制手柄，所以手柄的形状和大小必须适应人手的大小和关节的位置。出水口则位于手柄的水平下方，开动控制手柄水瞬间流出，因此出水口和手柄的距离必须符合人的开关方式。通过一系列的操作的分解，我们得到了完整的水龙头操作的故事版（图6-15）。

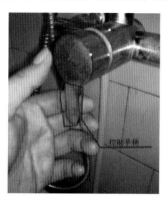

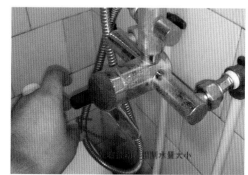

图6-15　三联式水龙头符号分解

故事版是人机交互过程的具体体现，详细直观地表达出人机交互过程中的每一个步骤，对于人机交互设计意义重大。故事版的制作可以使设计者在制作的过程中发现产品使用的不便和产品功能设定的不足。在制作的过程中及时地设定产品的易用功能的要点，是人性化设计方法的重要步骤。

3. 原型迭代

随着设计的深入，设计师要继续收集用户反馈的信息，要求用户参与产品的设计和开发过程之中，不断地建立设计的原型，同时根据他们的评价和感受不断地修改设计原型。利用用户进行模拟的或真实生活中的产品的使用。这些原型可以让用户提出对整体设计的评价和是否满足他们真正的需求以及对涉及产品可操作性方面提供意见。

这样反复进行以上的工作,不断地进行原型的迭代,使设计越来越达到用户的真正要求,直到最后的拥有全部功能的工作模型。

如图6-16所示,这是一组洗手台设计的原型迭代,在设计出原型的基础上,不断地根据用户的反馈意见,对设计进行修改,同时进行设计原型的迭代。对于卫浴产品来说,洗手台的设计是要整合面盆、毛巾架、储物箱等设备,因此在原型迭代的过程中不断地调整几个设备的位置和关系,以求达到最好的组合效果。

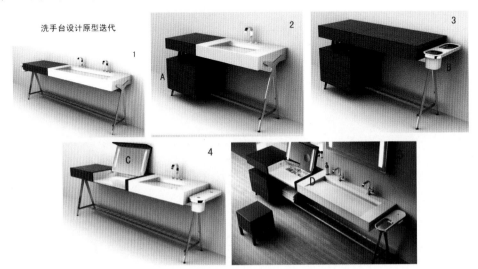

图6-16 洗手台设计的原型迭代

图6-16中的"1"到"5"分别代表设计原型迭代的不同改进程度,针对的设备有所不同。

(三)以情感为导向的符号表达

人和动物为了在这个不可预知未来的、动态的世界里生存,逐渐形成了一种适合自身需求的机制,他们把情感的评价和评估结合到调节整个系统的方法中去,结果提高了系统的稳定性和对错误的容忍度。

如果我们的产品设计借鉴人和动物使用情感的调节作用,那么创造出的产品将会更加好用,同时也会为改善产品和人类之间的关系提供一个方法。

1. 直觉思维的表达

(1)直觉的创造力

直觉思维是指对问题未经逻辑性分析,仅依靠内因的感知迅速地对问题的解决方法作出判断、猜想、设想或者对问题苦思之中,突然对问题的答案或方法有"灵感"和"顿悟"式的发现或答案,甚至对未来事物的发展和结果有"预感"、"预言"等,都是直觉思维。直觉思维是一种心理现象,它不仅在创造性活动起着极为重要的作用,还是人生命活动、发展的重要保证。

(2)直觉设计的特点

直觉思维应用是在产品设计时决不能忽视的关键因素,仅仅依靠理性的分析和依靠逻辑关系设定的功能永远也不可能完成人性化产品的创造。因此,利用直觉进行设计方法需

要注意：

①对瞬间想法的关注；

②对人类瞬间情感的关注；

③对人类身体瞬间感觉的关注；

④对人类瞬间感受、感觉、想法的记录。

（3）直觉形态和色彩的设计

在对消费者的消费心理充分研究的基础上，我们可以根据不同人群的直觉感受进行卫浴产品形态和色彩的设计。为什么消费者购买卫浴产品时一定要到产品卖场中去？就是因为消费者还没有意识到自己想要怎样的产品。在设计卫浴产品时必须做到瞬间抓住消费者的心。如图 6-17 所示，四种浴缸分别有各自不同的特点，对于不同喜好的人来说会有不同的感受和吸引力。

图 6-17　风格各异的浴缸

（4）操作的直觉

对于产品的可操作指示，同样可以利用人类下意识的行为特点来设计，达到操作的简单、易用。

图 6-18　控水开关的设计

图 6-18 的控水开关设计很巧妙地利用了人的下意识心理，在整个操作界面上开关被放在非常引人注视的位置，对开关误操作的可能性降到最低。

2. 卫浴产品的符号表达

产品语言是通过造型、色彩、材质因素来实现信息传播的符号系统，因此设计一种产品也是设计一种产品语言，从而使产品能发挥它的认知和审美的精神功能。使产品设计的材料、结构方式、外形特征和工作状态转化为信息的载体，为人们认知和理解，从而传达出产品的精神意义和社会价值。

从卫浴产品符号和人的行为方式之间的联系着手，我们发现产品多种多样是由于符号

的解构的方式不同,所以产生不同形态。我们需要找出符号的不同的排列、连接方法,从而应用到卫浴产品设计的实践中去。

当我们充分了解了卫浴产品的设计符号,把这些符号如质感、结构、形状和人的行为符号组合在一起,就产生了各种各样的卫浴产品(图6-19)。

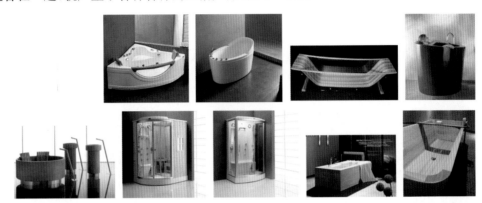

图6-19 不同类型的浴缸

从人对产品符号的认知角度来看,可根据人的心理水平把产品符号分为几个层次,这些层次分别对应人类的感觉、知觉、情绪和思维几个不同层次。

(1)产品材料的质感、色彩、影效对应人类的感觉层次。如金属的冷硬、布料的柔软、玻璃的通透和光滑对人的感觉造成不同的影响。

(2)产品形体、空间关系对应人类的知觉层次。例如,人的身体和感官都具有一定的对称性,因此人的活动和视觉感受的均衡性对人具有重要意义。利用形体和空间的对称关系,可以使人的注意力得到均衡的分配。

(3)产品带给人的情绪、氛围、格调对应人类的情感层次。简单来说,不同类型的产品会带给人不同的心理感受,关注人类情感层次需求的产品,非常有利于唤醒和激发人们相应的情绪状态。如儿童产品活泼而富有幽默感,可以促使儿童更好地接受儿童产品,这其中主要是情感因素起决定性作用。

如图6-20的面盆采用流线型态,光洁的表面和材质会引起人们对柔软、流动、舒适的感觉,这都是产品符号传递给人的信息引发情感的变化。

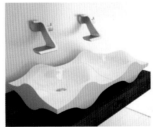

图6-20 面盆设计

如图6-21特殊的材料加工工艺给金属龙头带来人体肌肤的细腻质感和纹路。同是不锈钢金属材质,不同的处理方法引发人情感的感受是完全不同的。

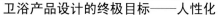

图6-21　水龙头的表面材质

（4）使用产品的感受和体验对应人类的思维层次。人们在选择、接受和使用产品时，也在感知、解读、体验产品给人们生活带来的不同意义，所以任何产品都会通过符号化的表现引起人们的反应，或愉快、舒畅，或反感、不满。如图6-22，我们使用这样的卫浴产品后会有什么样的体验？相应的会产生不同的情绪变化。这里就涉及产品符号所引发的联想。

图6-22　奇异的卫浴产品

（四）以新科技介入带来对人性的关怀

随着社会信息化的加快，人们的工作、生活和通讯的关系日益紧密。信息化社会在改变人们生活方式与工作习惯的同时，也对传统的住宅提出了挑战，社会、技术以及经济的进步更使人们的观念随之巨变。人们对家居的要求早已不只是物理空间，更为关注的是一个安全、方便、舒适的居家环境。

随着科技的迅猛发展，人们的生活变得越来越便利，家居的智能化水平也在不断提高。在一些国际卫浴品牌的引领下，我国卫浴行业也逐渐进入科技时代。

我国的卫浴产品不断更新，自动化、智能化产品不断出现在消费者眼前，但是很多卫浴企业却忽略了人性化关注这个环节。其实不管是自动化还是智能化，都是以人们的需求作为参考的，它们的基础也就是人性化。

生活用水是水资源利用的主要渠道之一。在我国，很多家庭存在严重的用水浪费现象，例如龙头滴水、马桶多次冲水等造成的水资源浪费，因此，选购一款智能化环保节水卫浴产品成为解决水资源浪费问题的关键。在节水卫浴、环保卫浴越来越受到重视的今天，发展节能环保卫浴产品不仅仅是满足消费者的需求，更是卫浴企业应当承担的社会责任。

 第七章
卫浴产品设计的市场需求与产品开发

一、卫浴产品的发展趋势和市场需求

凤凰家居从 2012 卫浴年会上获悉,目前我国卫生洁具产量超过世界总产量的四成。2011 年卫浴行业工业总产值超过 1 800 亿元,比上年增长 27.89%。在进口产品逐年大幅度下降的同时,产品(包括外资企业产品)出口大幅度增长。国际市场上,我国卫生洁具所占份额日益扩大,出口量已经占到全球总量的三成以上,2012 年出口额超过了 65 亿美元。

但也应该看到,我国陶瓷卫浴业的出口产品综合成本居高不下,削弱了"中国制造"陶瓷卫浴产品的国际市场竞争力,一些劳动密集型产品的订单已经开始向周边国家和地区进行转移。据佛山检验检疫局数据显示,2013 年前 5 月经该局辖区出口的卫生陶瓷 1 014 批,同比下降 19.4%,总货值 1 930 万美元,同比微涨 3.86%;而河北唐山产区同期的卫陶出口则增长 12.2%。其他各陶瓷产区和企业在上半年出口都呈现阴晴不均的情况。预计 2013 年陶卫出口增速将会明显放缓。

国内市场方面,由商务部流通司、中国建材流通协会共同发布的全国建材家居景气指数在 2012 年 10 月升至 130.29,环比上升 9.47%,同比上涨 7.52%。这是 2012 年该指数低开以来达到的年内最高值。这也是自 2010 年 3 月该景气指数发布以来的第二高峰值,仅次于 2010 年 5 月的 134.9。这被认为是国内市场回暖的征兆。

凤凰家居的调查发现,受访者对产品的选择优先考虑的是质量(72.07%),其次是性价比(49.73%),再次才是品牌(31.84%)。调查也发现,受访者对智能化水平的重视程度最低,只有 6.39% 的受访者优先考虑智能化水平,抗菌性能也只有 9.82%。

对上述数据的理解不能单纯地认为消费者不重视品牌,实际上从凤凰家居对部分受访者的采访中了解到,消费者在卫浴产品采购中会优先考虑一系列品牌,然后在品牌基础上比较质量、价格、节水性能等因素。因此上述数据表明,品牌是消费者购买卫浴产品的重要参考因素之一,而决定购买的因素在于产品的质量和性价比。

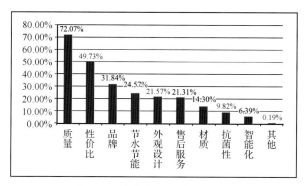

图 7-1　消费者购买产品的重心

数据来自 http://www.joyhouse.com.cn/(凤凰家居)

在对品牌的选择方面,TOTO 获得最多(34.55％)的青睐,其次是科勒(33.29％),再次是箭牌(28.19％)。从前五位品牌来看,外资品牌占 3 席,本土品牌占 2 席,受访者对外资品牌的信任度高于本土品牌。另外,除了前 7 位的品牌外,选择其他品牌的受访者数量都低于10％,而"其他"选择则由 6.8％的受访者选择,表明目前卫浴市场区域性品牌众多,各品牌在消费者中的影响力和知名度较为分化。

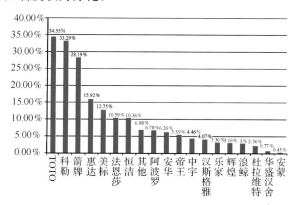

图 7-2　消费者对品牌的调查表

数据来自 http://www.joyhouse.com.cn/(凤凰家居)

从以上两个调查结果来看,卫浴产品市场依然呈上升趋势,消费者的消费趋于理性化,购买产品首先注重质量、性价比和品牌。从某种意义上来说品牌就是质量和服务,品牌的创建需要坚持不断地发展和革新,而品牌选择上明显是以国际和国内的一线品牌占据市场的主要份额。

二、体验经济中的卫浴产品设计

当今社会的经济形态已经从产品经济时代、服务经济时代过渡到了体验经济时代。体验经济是一种开放式的互动经济形式,主要强调商业活动给消费者带来独特的审美体验。在传统经济里,人们主要注重产品的功能和价格,但随着体验经济时代的到来,消费行为已有了许多变化:从生活与情境出发,塑造感官体验及心理认同已成为产品和服务新的生存价值与空间。

Nathan Shedroff 在《experience design》中将体验设计定义为:它是将消费者的参与融入设计中,是企业把服务作为"舞台",产品作为"道具",环境作为"布景",使消费者在商业活动过程中感受到美好体验的过程。而对于卫浴产品,现在的人们越来越关注对卫浴的情感享受,他们不满足于千篇一律的卫浴产品的功能和外形,对卫浴的人文理念和使用体验的期望越来越高,从而促使卫浴产品的设计时更要关注用户的使用体验。体验设计作为一种新的设计方法,将会给传统卫浴产品的设计带来新的活力,加强卫浴产品设计中的情感化和体验关注,从而提升卫浴产品的价值。

图 7-3　Nathan Shedroff 著作《experience design》

(一)卫浴产品的特点以及体验的必要性

1. 舒适性的卫浴产品需要关注体验

体验是在互动的过程中产生的,对于生活在快节奏的当代社会、崇尚高品质生活的现代人来说,提供舒适的使用方式是带给使用者美好回忆的基本方法。舒适性的卫浴产品设施就提供了一个很好的方式。另外,体验卫浴产品时也是对品牌服务的体验,优秀的品牌服务会给消费者带来愉悦感受。消费者在卫浴产品采购中会考虑一系列品牌,然后在品牌基础上比较质量、价格、节水性能等因素。因此品牌是消费者购买卫浴产品的重要参考因素之一,而决定购买的因素在于产品质量、服务和性价比。根据调查显示,女性受访者在产品质量、性价比、售后服务、节水性能和抗菌性方面的要求明显高于男性受访者;而在外观设计、品牌方面,男性受访者的比例则高于女性受访者,说明女性受访者在选择卫浴产品时较多地考虑产品的实用性能,而男性则更多考虑产品的附加性能。

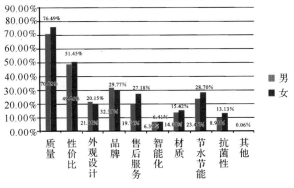

图 7-4　消费者决定购买的因素

数据来自 http://www.joyhouse.com.cn/(凤凰家居)

2. 环保节能性的卫浴产品重视体验

保护环境与节约资源已经成为全社会的永久主题,这一主题深刻影响到了家庭的卫浴产品设计。环保节能性卫浴产品重视体验,其设计是在实验—设计—再实验—再设计的不断体验创新性过程中进行的。水资源节约利用的呼声响彻在地球的每个角落,对于节约用水的水龙头设计也层出不穷,并起到了显著的成效。红外感应的龙头应该是现在普遍流行的,但在这里我们所要介绍的是以用户选择出水时间来控制流水量的水龙头。如图 7-5 所示,用户可自行选择 5 秒、10 秒、15 秒或持续出水。

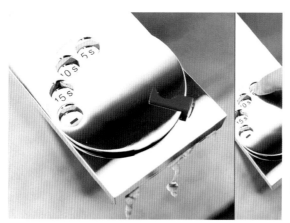

图 7-5　时间控制水量的水龙头

卫浴产品设计要强化产品主题。体验"主题"也应当是产品体验设计的灵魂,产品各要素的设计都要围绕主题展开,并强化完善这一主题。上文提到了创造差异性,实际上对于产品来说,无论是哪种差异性的创造都要围绕一个中心——体验主题来进行。卫浴行业的竞争日趋激烈,要吸引消费者的注意力就要与众不同,创造充满特色、富于情感的设计,体验主题无疑是最有效的方式。体验主题的设定要与传统和现有的方式有所区别,尝试为使用者提供一种新的使用价值或创造一种新的生活方式。当然,这种创造还要掌握好"度",把它控制在目标消

图 7-6　CF++碳纤维浴霸产品

费群体能够接受的需求范围内,并且与产品品牌的形象相符合。如知名暖通专家 BNN 公司推出了一种 CF++碳纤维浴霸产品(图 7-6),完美地融入了远红外理疗的保健功能,成为传统浴霸的升级换代产品,他们把"健康"的主题完美地融入了卫浴产品设计中,给使用者提供了新的生活方式——"健康"的理念无处不在。

（二）体验性卫浴产品的设计特点

卫浴产品的设计要突出简洁实用。对于日常生活中天天都要使用的卫浴产品来说，简洁实用显得尤为重要。在这里需要强调的是，简洁实用不是指产品外观的简单化，也不是指通过减少产品的功能、降低产品的科技含量以达到方便使用者操作的目的，而是指消费者的感受——无论产品的内部构造多么复杂、精密，都应使产品的界面与操作流程简单明了、人性化，尽量缩短使顾客的摸索时间，使用者能够从简洁实用的产品中获得友善和信任的体验。

如组图7-7所示的高仪弗瑞斯数码系列，将洗浴转变为无与伦比轻松的体验。由于采用标准设计，在浴室内的所有交互点都可实现精确直观的数字化控制。不论是单把手淋浴器还是定制的高仪SPA™淋浴器，不管配置的是头顶花洒、手持花洒还是侧喷，都有与之匹配的数码方案。转动控制器周边的环来调整水流量。通过增加（＋）和减少（－）按钮来升温或降温。转换手持花洒、头顶花洒和侧喷花洒（浴盆）模式从未如此简单，只需按下转向器相应的按钮即可。

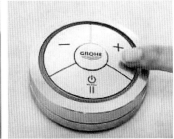

图7-7　高仪弗瑞斯数码系列

三、卫浴产品开发的战略

产品设计是企业成功的重要手段。市场经济依赖于企业在市场中彼此竞争、相互淘汰。为了能通过产品销售而赢得利润，企业必须不断设计推出新产品，以避免竞争者逐渐侵占原有的产品市场。而"不满"特别是消费者的"不满"，是企业发展市场重新洗牌的重要契机。

根据凤凰家居2012年的调查数据显示，在目前使用的卫浴产品中，有超过一半（53.18%）的受访者对五金件，如水龙头、花洒等不满，其次是便器（含坐便器和蹲便器），比例高达43.91%，表示都满意的只有11.49%。

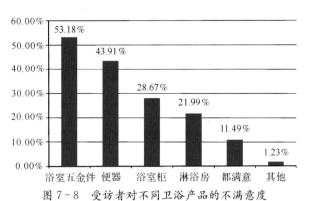

图7-8　受访者对不同卫浴产品的不满意度

在对便器表示不满的受访者中,67.79%的受访者对冲水效果不满,57.06%对易洁性不满,对节水性能和抗菌性也分别有45.96%和42.13%的受访者表示不满。不满意度最低的是外观设计,只有18.75%,这是因为消费者对便器的外观设计期望值较低。在随后的数据分析中我们也可以发现,只有约两成的受访者在采购卫浴产品的时候重视外观设计。

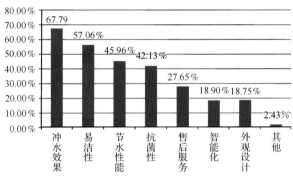

图7-9　受访者对便器各项指标的不满意度

从不满中发现需求,不满是进步的车轮,消费者对产品的不满表示该产品尚有改进空间,也表达了消费者对产品的需求。因此,了解消费者对目前所使用的产品的不满意程度以及具体的不满点,有助于行业把握消费者需求,有针对性地改进和研发产品。

(一)新产品开发的三种驱动形式

产品市场寿命周期是市场营销学中的一个重要概念,也是企业制定新产品决策的重要依据,研究产品市场寿命周期可以使设计师更好地了解其产品的发展趋势,在产品寿命周期的各个阶段采取相应的营销策略,以不断扩大销售额和利润。产品生命周期理论还可以指导企业适时地开发新产品,淘汰老产品,提高产品的竞争力。

任何一种产品在市场上的销售地位和获利能力都处于变动之中,即随着时间的推移和市场环境的变化,最终将不被用户采用,被迫退出市场。这种市场演化过程也像生物的生命历程一样,是一个诞生、成长、成熟和衰退的过程。因此,所谓产品生命周期,就是产品从进入市场到最后被淘汰退出市场的全过程,也就是产品的市场生命周期。因此产品开发必须要符合开发的规律及市场运行的规律。驱动研发的能量主要来自三个方面:

1. 需求驱动产品开发

设想——概念发展和消费者筛选——商业分析——产品开发——消费者实验室测

试——市场测试——商业化。

2. 竞争驱动产品开发

市场分析——概念确定和筛选——市场开发——商业化。

3. 技术驱动产品开发

技术需求和应用设计——技术和工程可行性——商业分析——原型开发——生产测试——进一步开发——商业化。

产品生命周期一般分为五个阶段:设计研发阶段、产品市场导入阶段、市场成长阶段、市场成熟阶段和市场衰退阶段。设计研发阶段是指产品设计生产过程企业投资的阶段。产品市场导入阶段是指在市场上推出新产品,新产品销售呈缓慢增长状态的阶段。在此阶段,销售量有限,并由于投入大量的新产品研制开发费用和产品推销费用,企业几乎无利可图。成长阶段,是指该产品在市场上迅速为消费者所接受、成本大幅度下降、销售额迅速上升的阶段,企业利润得到明显改善。成熟阶段,是指大多数购买者已经购买该项产品,产品市场销售额从显著上升逐步趋于缓慢下降的阶段。在这一持续时间相对来说最长的阶段中,同类产品竞争加剧,为维持市场地位,必须投入更多的营销费用或发展新市场,因此必然导致企业利润趋于下降。衰退阶段是指销售额下降的趋势继续加大,而利润逐渐趋于零的阶段。产品生命周期中的市场需求变化情况如下表:

表7-1 产品生命周期中的市场需求变化表

类别	导入期	成长期	成熟期	衰退期
售价	最高	下降	稳定	下降后稳定
产品	基本形式	改良	差异化	合理化
产品线	单一	较多	最多	较少
目标市场	高收入者	中收入者	大众市场	低收入者
品牌知名度	无	开始发展	强	开始衰退
竞争状况	少数竞争	多数竞争	竞争状态稳定	少数竞争

对产品生命周期的一般形态,西方市场学者戈德曼和马勒做了较为系统和深入的研究,对发展一种理想的产品生命周期形态提出了一些有价值的设想和意见。典型的产品生命形态如图7-10。

理想的产品生命周期形态一般具有的特征是:新产品研制开发费用降低,引入期和成长期短,使产品销售和利润迅速增长,很快进入高峰,这意味着在产品生命初期即可获得最大收入。成熟期可以持续相当长的时间,这实质上延长了利润期和利润数额,

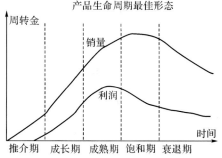

图7-10 产品生命周期中的销量变化

这一趋势对企业极为有利。衰退期非常缓慢,销售和利润缓慢下降,而不是突然跌落,致使企业措手不及。当然,实现最佳产品生命周期形态需要企业配合最佳的营销策略和战术。

（二）卫浴产品开发的特点

1. 卫浴产品的新要求

卫浴产品开发必须加强引入新型卫生洁具生产的新技术，例如 TOTO、高仪、科勒等国际知名品牌的抗菌陶瓷技术、绿色制品生产技术等，不断开发出新一代的新型高档产品，以满足国内外市场的需求，也有利于将产品打入国际高端市场。这一发展趋势或许将保持相当一段时间。因此，卫浴生产企业在组织新产品开发工作与扩大出口之前，应该高度重视这一特点。

2. 产品线更长，种类更丰富

目前，卫浴产品的概念已经较传统观念有了很大的不同。作为以健康、人性化为理念新时代雅居生活的标志性用品，它进入不同需求的人们生活之中。人们的需求更加多样化，即不仅具有卫生与清洁功能，还应包括健康性、美观性以及娱乐性。在使用功能方面，仅卫生洁具产品的冲洗方式而言，旋冲式、静音式、斜冲式已经悄然落伍，而更节能环保的直落式、虹吸式、喷射式大行其道。洗浴产品还推出了附加有悠闲式浴缸、柜盆、蒸汽房等功能的一系列配套产品。因此，未来，卫浴产品市场将会呈现出品种多样化的发展趋势。

3. 产品的特色功能必须更加突出

按照国际市场消费者的购物心理，优秀的卫浴产品必须能够满足现代化生活方式，能够具备比较完整的各项功能。如在满足使用功能之外，还需要具备节水、节能、环保、舒适、保健、防老化、感应智能等多项功能，具有明显的可循环性与低碳生活的概念。这样就要求新一代的产品必须能够尽量利用新的生物技术、电子技术、感应技术等综合高科技成果，将各种新功能进行组合配套，以提高卫浴产品的综合功能与特色功能。

4. 具有多样化的色彩

白色的卫生洁具产品虽然依旧是主流产品，但是纯白色的冷硬感越来越被人诟病。取而代之的是以各种乳浊白釉为主，附加于其他颜色与色调的产品外貌。洁具企业应该利用各种釉料相互之间的配合，创造出各种流行的新的装饰色彩或者装饰纹样。卫浴产品的应该如同每年世界上大型国际服装展览会推动的流行色彩那样，在色彩上与流行时尚的色彩元素相结合。随着人们审美视角的不断更新与国内外市场需求的急剧变化，必须加快研制新一代的釉色装饰品种，加强产品的新色彩装饰。另类的颜色如青色、黄色、蓝色甚至黑色，都受到消费者的青睐。

5. 应该完善加工、制造基地

国际上的卫生洁具生产发达国家，由于目前卫生洁具产品新功能的增多与丰富，其生产链条已牵连到大量的配件生产，因此，我国的卫浴产品行业应该获得更多品种的附件与附加产品的能力支撑。如与许多卫生洁具生产体系紧密相连的原料、釉料、色料、模型、机加工、仪器、仪表等等，以及包装装潢材料等的生产，都应该尽早纳入整个生产体系中来。我国卫生洁具生产行业非常迫切需要尽快形成一个完整的、与卫浴产品生产相关的产业群与配套群，形成高契合度的与终端成品的各种相关附件产品的加工基地。

（三）卫浴产品开发的"体验"

卫浴空间已不是传统意义上的私密空间，它已是扮靓家居空间的重要组成部分，所以卫浴产品不仅是生活中具有实用功能的产品，还体现了消费者的生活时尚态度。时尚化的卫浴产品需要融入体验,相对于单纯的关注产品本身的要素,将"体验"因素融入设计并作为设计的一部分,能够产生更多的发展空间,产品因此能够及时地反映新的潮流和趋势。体验设计是实现产品在市场中占有一席之地的有效方法之一。

如图 7-11 所示的水龙头,初见这款水龙头,你第一个想到什么? 没错,相信绝大部分消费者都会联想到洁白无瑕的天鹅。外形真的是太逼真啦,加上金属的光泽感,更感觉天鹅在发光。设计的美感就体现在这,等水龙头出水的时候,你可以想象下天鹅饮水的画面。

图 7-11　优雅的水龙头

不同年龄、不同性别、不同职业、不同地域的人具有不同的心理要求和习惯,卫浴产品作为一种日常生活中的必需消费品,应该满足消费者不同的需求。人性化的卫浴产品需要设计体验,从"体验"的角度考虑问题是实现卫浴产品人性化的最好办法,因为只有产品的体验是无法被复制的。

如图 7-12 所示的瀑布水龙接头,使用方法很简单,直接将这个水龙接头套在家中浴缸的水龙头上,一打开水,出来的水柱就会像小瀑布般,让小朋友洗澡时也可以像大人做 SPA 呢! 小瀑布的水柱不会很强,所以不用担心会让小朋友受伤的问题。也可以倒入洗泡泡澡专用的沐浴乳。此外,这款瀑布水龙接头的材质是非常柔软的塑胶,所以也不用怕小朋友玩泡泡澡时而碰撞到。

图 7-12　瀑布水龙接头

1."体验"应该创造差异性

　　在如今的卫浴产品卖场,种类齐全、名目繁多的各色卫浴产品令人目不暇接,而只有那些与众不同、能带给消费者新鲜感的产品才能引起他们的兴趣,给他们留下印象。体验性的卫浴产品在满足基本功能的基础上,还特别强调要提供异于同类产品的个性化特征,也就是要创造差异性。产品的差异性既包括产品形态的差异化,也包括产品操作方式和产品功能的差异化,还包括产品服务、产品环境营造的差异化。例如在卫浴空间里,抽水马桶、浴缸等都来自西方,但当它们来到中国,走进中国的卫生间时就应当特别服务于中国人的习惯。为此在设计过程中要充分考虑东西方文化的差异,只有充分考虑卫浴文化的差异性才会设计出优秀的产品。图 7-13 所示的是 2013 年 iF 奖获奖的作品,数字温控水龙头和一体化水龙头设计。

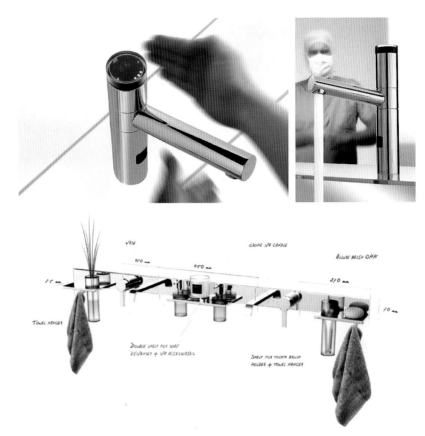

图 7-13 数字温控水龙头和一体化水龙头

　　卫浴产品的设计应该愉悦感官。强化感官刺激是体验性产品设计的一个关键，因为感官刺激是产品带给人最直接的体验，而优秀的产品设计必须具备的要素是愉悦的感官体验。感官刺激的方式是多样的，包括视觉、听觉、触觉、嗅觉和味觉。在产品设计中有效地整合多种形式的感官刺激，适当地强化感官刺激，能够使人们对体验更加难忘。另外，人们在挑选和使用产品时凭借的不仅仅是感觉器官的本能反应，还要用思想和情感去感受它、评价它，所以感官体验不能停留在简单的刺激阶段，更重要的是有愉悦感。体验性的产品不仅要引人注意，更要给人留下美好的回忆。图 7-14 所示的是与众不同的淋浴花洒。

图 7-14 淋浴花洒

2."体验"要强调互动和参与

体验源于交互,源于人与物、人与人的"交流",交互形式愈多,体验和情感也愈丰富。互动参与性是体验设计的重要特征之一,使用者的参与是体验型产品整体设计中的重要内容。就卫浴产品设计而言,产品的互动参与特征可以通过两种方式得到加强:一种方式是对卫浴产品进行系列化设计,使卫浴产品系列化、多样化,比如提供多种颜色或风格的搭配,同一个卫浴空间可以搭配出不同的卫浴风格,也就是说,要通过系列化设计让使用者按照自己的意愿与审美来搭配和组装产品,从中体会行动的快乐;另一种方式是创新卫浴产品的形态或功能,让使用者在使用的过程中感受创造的乐趣。

随着现代社会的发展,人们所追求和期待的生活用品将不仅仅是只重视物质功能提高的产品,而是具有生命情感,能够使人类与环境、社会和谐统一的体验性产品。同样,企业参与竞争的手段不只是通过产品和服务的各项指标来衡量,而主要是通过顾客的感受、满意程度形成顾客对企业及产品的体验与评价。体验性的设计使卫浴产品更具有感知力和生命力,并给人留下美好的回忆。体验设计的理念符合潮流,符合现代消费者的需要,也符合卫浴产品的发展趋势。毋庸置疑,体验设计在体验经济的环境下将会引领未来设计的发展趋势。

例如:德国高仪品牌的清新冲水系统,只需按下按钮就可以清新清洁。高仪一直因能够为日常问题提供创新型解决方案而倍感自豪。高仪清新系统让浴室的方便程度上升到了一个新水平。它可以使您体验双重顶级享受——既可通过选择暗置式冲水箱取得简明线条,又可让冲水箱部分一直保持卫生及洁净。

高仪清新系统特配易于开合的冲水面板,通过面板可以进入滑道,并将清洁药品放入到冲水箱。整个过程仅需几秒,因为面板可以像门一样打开。高仪清新系统可同所有带小型冲水面板的高仪暗置式冲水箱配合,无论是新安装还是升级现有浴室。它会与您选择的冲水面板配套提供,或者作为翻新配件同您现有的冲水箱和面板一起使用。对于安装较久的冲水箱,只需移除固定框,为冲水箱添加滑道,并安装新框架,然后再向冲水面板安装气动软管即可(图7-15)。

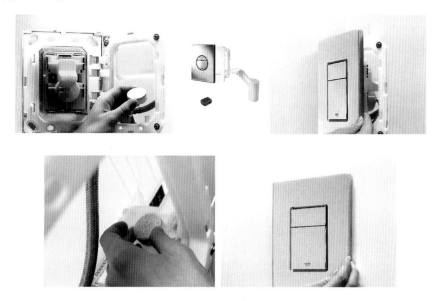

图7-15 高仪清新系统

　　整个操作过程简单、易行,不需要花费精力研究使用方法。首先打开冲水箱的冲水面板,然后选择任意异味防护或清洁片,放入清洁片,合上面板并冲水即可。既强调了互动和参与的体验,又使使用者在整个过程中有良好的操作感受。"体验"是最直接的产品评测方法和开发根据。

第八章
智能家居和智能卫浴产品

　　未来的卫浴产品设计其实是根据现在的科技状况对未来的产品作出有根据的预判,是对产品发展趋势的展望。国际知名的卫浴品牌都会有大量的概念产品出现,这种做法其实就是一种展望,并且也是设计储备。

　　谷歌董事会主席埃里克·施密特(Eric Schmidt)和杰瑞德·科恩(Jared Cohen)合作出版了一本关于科技能够改变人类未来生活的新书——《2033年的生活》(Your life in 2033)。两人在书中诠释了数字革命即智能化的科技为人类社会带来的巨大改变,以及发展中国家如何利用现有的先进科技产品进行技术研发,进而缩小与发达国家之间的技术差距。

　　施密特和科恩畅想了人类在2033年的生活方式和生活环境,一天的生活是这样的:早上起床的时候不再是被闹钟(至少不是那种会把人惊醒的闹钟)叫醒,而是被刚煮好的咖啡所散发出的诱人香味唤醒,窗帘会随着人的醒来自动打开,只要睁开眼就能看到明媚的阳光,床垫里面安置的按摩器会给你提供舒适的背部按摩。重要的是每天的睡眠质量会特别高,醒来之后会感觉精力充沛,这是因为床垫内部还有一种特殊的传感器,能够实时监控你的睡眠规律,并以此计算出什么时候叫醒你才最合适。当起床之后,安装了最新科技系统的家就像是一个电子乐团,作为主人的你就是这个乐团的指挥者。通过语音系统,你可以根据自己的喜好调节室内温度、湿度,还可以根据自己的心情语音控制播放音乐播放氛围和灯光效果。借助最新的科技产品,你可以使用半透明的屏幕浏览当天的新闻。在看新闻的时候,自动壁橱已经根据当天的天气和穿衣指数选好了今天出行需要穿的服装。穿好衣服之后,厨房已经把早餐准备好了,半透明的阅读器还会跟随你到餐桌前,并将比较重要的新闻用投射全息图的形式立体呈现出来。在喝着咖啡、吃着可口早餐的同时,你可以通过全息投影处理一天中收到的电子邮件。在出门之前,中央电脑会将机器人管家一天中需要做的杂务列出来,当然你可以根据实际情况作出修改。

　　书中畅想到了2033年,不管是个人信息还是工作信息,都会被存储在云端服务器上,可以通过各种数字设备看到,而且云存储的容量几乎是不受限制的。那时,类似于现在的智能手机、平板电脑之类的便携式电子产品将会更加完美和成熟,有平板类型的,也有怀表那般小巧的,肯定还有更加灵活、可穿戴的新产品。所有这些产品都是超轻、超快的,功能要比现在的电子产品强大得多。

　　如果你在厨房不小心碰伤了脚趾,可以使用任何一款移动设备来"诊断"一下,因为里面有一个微型芯片，可以发出类似于辐射较低的 X 光射线。这种射线在对伤口进行快速扫描后显示，只是普通的擦伤，并没有大碍，所以你就可以直接拒绝移动设备中弹出的去附近医院治疗的建议。

上班可以直接乘坐无人驾驶汽车，这样在上下班的路上你还可以做其他的事情或者纯粹放松一下。在无人驾驶汽车行驶过程中，手机备忘录会语音提醒你今天是什么重要的日子，让你不会忘记重要约会和聚会。车内电脑系统提出的礼物建议，这些建议是在综合了所有的数据信息和个人兴趣基础上提出的。你在电子商城快速找到了合适的礼物，然后选好送货到达时间，这一切只需很短的时间就能完成。

当你还想再喝杯咖啡的时候，你发现车子已经停在了公司的停车场，这时安装在鞋跟的触控装备发出震动，提醒你公司的重要会议马上就要开始了，没办法，咖啡只好去会议室喝了。

随着以电脑为核心的虚拟世界不断完善，人们在现实世界中的工作和学习效率将会不断提高。数字化革命将会影响到世界的每个角落，人类社会将会更加先进和智能化，也更加人性化，而发达国家和欠发达国家之间的差距也将随着科技的普及而大大缩小。似乎任何人都可以享受到科技带来的关怀，那时通用设计可以真正地得以实现。

到了 2033 年，智能手机、平板电脑这类便携式数字产品的价格将会更加低廉，发展中国家的大部分居民都能够用得起这种电子产品。到时候，刚果的渔民不用再像现在这样把捕来的鱼拿到集市上去，他们只要在河边保持手机畅通就可以了，通过电子商城或者相关应用，渔民会收到客户买鱼的电话通知，接到订单之后再去动手捕鱼，然后稍作处理等待物流公司来取就可以了。这样渔民就不需要买昂贵的冰箱，而且能保证消费者买到的是新鲜的鱼，而且鱼类市场的供需将会实现一致，不会出现因供过于求而导致的过度捕捞现象。

到时候，以手机为代表的科技手段将会改变发展中国家低收入人民的生活质量。现在非洲的手机用户已经达到了 6.5 亿，而亚洲则接近 30 亿。这群手机用户中大部分人使用的是功能简单的普通手机，而且他们的手机基本上只有两个用途：接打电话和收发短信。因为在部分国家，手机数据服务的费用贵得离谱，超过了大部分手机用户所能承受的范围。未来 20 年内，这种情况将会彻底改变，智能手机将会在发展中国家大范围普及，而这些国家的居民也会因数字化革命的兴起而获得实实在在的利益。

智能手机、平板电脑等移动设备的大范围普及能够给发展中国家的人民带来更大的变革，他们可以利用这些设备更好地收集和使用各种数据信息，及时掌握自己需要的经济、教育和医疗数据。这样，他们通过科技手段和自己奋斗来改变自己的命运的几率就会大大增加。实际上，技术进步将会给社会的各个群体带来好处，政府机构可以用最新的科技手段来更加准确地监测自己政策的实施进度，而媒体等非政府组织也可以运用这些先进的科技来提高自己工作的效率和准确性。

即便那些最先进的智能手机和机器人售价依然居高不下，但是山寨工厂将会为发展中国家的消费者提供价格低廉而且功能还说得过去的设备。那时候，发展中国家和发达国家之间的科技鸿沟将会逐渐缩小。

随着 3D 技术的不断发展和 3D 打印机的普及，机器将会生产出越来越多的精密部件。发展中国家可以用 3D 打印机制造出各种零件，他们还能从开源模板中免费获取零件规格等相关信息。发达国家则可以在 3D 打印机的帮助下发展更高级的制造技术。原材料和各种产品的制造水平将会大大提高,而制造成本则会大幅度降低。

2033 年,借助最先进的信息系统,人们将会从日常的琐事中解脱出来,而且信息系统会处理平时人们容易遗忘或者忽略的事情。当你需要解决什么难题时,社交网络会根据存储的信息向你推荐有过类似难题处理经验的好友。有着如此完善的智能系统,人类的工作效率将会大大提高。

但是数字化革命也是把双刃剑,在促进人类社会进步的同时也会带来很多潜在的威胁。个人隐私信息将会更多地掌控在电脑系统当中,一旦被泄露将会给人的生活带来非常糟糕的影响。未来社会,我们的身份更多的是被虚拟系统所识别,而且我们的日常活动将会被无处不在的电脑系统更加完整地记录下来并被存储在云空间。

到时候,我们的在线身份也会改变。毕竟在一个高度网络化的国家,政府是不愿意看见网上活跃着大量匿名且未通过身份审核的网民。很有可能我们每个人都会有一个自己的个人档案网站,里面还会有每个公民的网络信息(社交网站、即时聊天工具账号等等),但绝不会像现在的空间或者微博那样简单,里面有详细的个人信息,而且这些档案网站会由政府统一管理。

对公民而言,未来网络最有价值的商品莫过于自己的身份。到时候还会衍生出很多维护网络隐私的商业网站,就像现在的杀毒软件一样普遍,而倒卖个人信息的黑市也会不可避免地出现。

未来的生活可能被更加智能的环境改变,人们可以从重复劳动中解脱出来,做更有创造性的活动,同时人类也会对智能系统和智能产品更加依赖。这样的情况就像"剑"的两个面,不可能只有好的没有坏的,所以在智能带给我们便利的同时我们也应该清醒地认识到人类本身的责任和位置。

英国工业设计委员会主任鲍尔·莱利根据他主持的伦敦设计中心的经验谈到英国的年轻设计师对设计新产品缺少兴趣,但却对不同技巧和训练之间的联系展现出很高的热情,对把传统的橱窗作为一种社会实践空间很感兴趣,对于未来社会形态的新精神有更高的追求,通过对未来产品设计、环境设计进而进入社会精神层面的生活、娱乐及交往方式的领域,开拓更广阔的空间。

设计的未来从某种程度上来说是人类的未来,设计产品是人类走向未来的开拓手段和工具,也是实现可持续发展的手段之一。联合国教科文组织倡导三个未来发展概念:"人权"、"可持续发展"、"人类共同的遗产"。

一、智能生活系统

（一）智能家居与 UI 界面简介

1. 智能家居

比尔·盖茨的家是国外第一个使用智能家居的家庭，至今快有三十年的历史了，智能家居控制系统也逐渐走进大家的视野。

智能家居最基本的目标是为人们提供一个舒适、安全、方便和高效的生活环境。对智能家居产品来说，最重要的是以实用为核心，摒弃掉那些华而不实、只能充作摆设的功能，产品以实用性、易用性和人性化为主。

智能家居是以住宅为平台，利用综合布线技术、网络通信技术、安全防范技术、自动控制技术、音视频技术，将家居生活有关的设备集成，构建高效的住宅设施与家庭日程事务的管理系统，提升家居安全性、便利性、舒适性、艺术性，并实现环保节能的居住环境。

由于智能家居采用的技术标准与协议的不同，大多数智能家居系统都采用综合布线方式，但少数系统可能并不采用综合布线技术，如电力载波，不论哪一种情况，都一定有对应的网络通信技术来完成所需的信号传输任务，因此网络通信技术是智能家居集成中的关键技术之一。安全防范技术是智能家居系统中必不可少的技术，在小区及户内可视对讲、家庭监控、家庭防盗报警、与家庭有关的小区一卡通等领域都有广泛应用。自动控制技术是智能家居系统中必不可少的技术，广泛应用在智能家居控制中心、家居设备自动控制模块中，对于家庭能源的科学管理、家庭设备的日程管理都有十分重要的作用。在设计智能家居系统时，应根据用户对智能家居功能的需求，整合以下最实用最基本的家居控制功能，包括：智能家电控制、智能灯光控制、电动窗帘控制、防盗报警、门禁对讲、煤气泄漏等。很多个性化智能家居的控制方式很丰富多样，比如：本地控制、遥控控制、集中控制、手机远程控制、感应控制、网络控制、定时控制等等，其本意是让人们摆脱繁琐的事务，提高效率。但如果操作过程和程序设置过于繁琐，容易让用户产生排斥心理，所以在对智能家居的设计时一定要充分考虑用户体验，注重操作的便利化和直观性。

整个家居的各个智能化的子系统应能二十四小时运转，系统的安全性、可靠性和容错能力必须予以最高重视。对各个子系统，以电源、系统备份等方面采取相应的容错措施，保证系统正常安全使用，质量、性能良好，具备应付各种复杂环境变化的能力。

曾经的"蓝色巨人"、现在的软件业巨头 IBM 涉足智能家居行业已经很多年了，2013 年 IBM、意法半导体(ST)与 Shaspa 宣布将携手推动云服务和移动运算在智能家庭领域的发展，并且展示了一台采用 Shaspa 的嵌入式软件，可连接至 ST 家庭网关和 IBM 云电视。

在这套系统中，可通过传感器监测家庭环境的参数，如温度，并将数据传送到智能手机或平板电脑，用户可据此将家务管理转移至云上。IBM、意法半导体与 Shaspa 预计这一计划可让消费者使用任何能够执行应用程序的设备，管理各种形式的个人活动，如查看家庭用电情况、控制暖气和照明系统等。

图 8-1　智能家居系统

在此项目中，ST（意法半导体）公司的家庭网关以 STiH416 为基础，提供物理连接、配置中介软件、管理中介软件、应用协议和用于连接控制物联网的接口。

智能家居系统方案的设计应依照国家和地区的有关标准进行，确保系统的扩充性和扩展性，在系统传输上采用标准的 TCP/IP 协议网络技术，保证不同产商之间系统可以兼容与互联。系统的前端设备是多功能的、开放的、可以扩展的设备，如系统主机、终端与模块采用标准化接口设计，为家居智能系统外部厂商提供集成的平台，而且其功能可以扩展，当需要增加功能时，不必再开挖管网，简单可靠、方便节约。设计选用的系统和产品能够使本系统与未来不断发展的第三方受控设备进行互通互连。

卫浴产品设计必须依从于整个家居系统，单独设计单一的产品往往不是很符合产品开发的需要，特别是卫浴产品，越来越多的人在选择卫浴产品时会成套系地进行选择。这样设计的系统化就更加重要，而系统化的设计正逐渐成为主流。设计师需要向社会提供的不仅仅是产品硬件，同时还应当包含使用方式、使用体验等等一系列支援型服务。设计师有义务将最新的技术以可靠的方式推向社会，这其中包括计算机集成技术、虚拟分析技术、数字影像技术等等。综合所有这一切具有信息化数字化特征的因素所设计出来的产品就是智能化产品，它能够以更为人性化的方式为消费者实现一些传统产品无法实现的功能，减少使用者的劳动量，同时保证使用者的安全以及作业的可靠性。在这种意义上，智能化必将成为未来设计的重要趋势之一。

新科技应用在卫浴产品当中已成为当今卫浴产品发展的新趋势。高科技化的产品丰富了产品的体验，体验设计伴随着信息时代而来，高度发达的数字技术、网络信息技术等为体验设计的出现和快速发展提供了丰厚的土壤，同时也为各种各样有形、无形的产品打上了智能的烙印。

2. 智能家居 UI 界面设计

作为设计当中的一种新形式，近年来，UI 设计在智能家电设计当中日益显示出其重要性。从某种意义上来说，产品设计由物质化的设计向非物质设计的转变已经开始，而且必然成为未来工业设计发展的趋势，以用户体验为中心的 UI 设计大时代已经到来。以用户交互为核心的专业 UI 设计团队公司也异军突起，整合了产品设计、平面设计、认知心理学、人机工程学等相关领域，确立了 UI 和 GUI 的开发流程。到目前为止，该发展流程已被广泛应用于各大 UI 设计公司以及企业内部。UI 设计的专业性,在 2011 年第三届中国服务贸易大会设计创新服务贸易分会的全球设计趋势发布环节,也同样得到了体现,会议发布了未来 UI 设计的趋势。

UI 设计领域的关键词包括多点触控、简单却丰富的交互、强调用户体验、智能化等。智能化是现在最受关注的一个方面,在下指令之前,设备就已经了解到用户的需求,能够自动提供服务。此外,用户将不需要学习就能够轻松掌握操作方式。UI 相关技术的发展潮流会同时受到图像处理技术和电视技术发展的影响。图像处理技术从 LED 发展至 LCD、到全触屏,再到 3D、全息影像、增强实境,扩展了输出的方式。而辨识技术的发展则是对输入方式的扩展,从触摸屏、多点触摸发展至体感技术。UI 相关技术的未来发展趋势本质是对人类感觉的进一步延伸,解放本能的束缚。

(1)重视产品及系统的 UI 界面的易用性、简单化:应用科技的目的应使操作、编程和比例失调更简单、更经济,而不是更繁琐,特别是家居内设备的操作。

(2)可扩展性:限于规划设计的进度安排及项目可预期的面积扩展,各系统的界面需求应具备 100% 以上的扩展能力。

(3)重视产品及系统的可靠性:选择已经使用证明可靠的产品,不采用为满足本项目要求而临时开发的软件或设备。

强调智能化并不是牺牲设计在产品设计中的作用,也并不是说有智能化的 UI 界面就可以完成设计了。如果面盆上没有用来调节水量的把手,橱柜里没有烟机和灶具,难道这些残缺的家居产品依靠智能化的 UI 界面就是最新的智能家居产品设计? 显然产品本身的设计是不能忽视的。虽然没有把手,但是可以设计感应装置,只需轻轻一按就能出水,仿佛著名的 iPhone 手机一样的触摸功能让人惊叹;没有烟机和灶具也没有问题,轻轻一碰就能自动从橱柜里"冒"出来,家居的功能操作界面设计不再功能齐备而繁复,而将更注重于整体视觉设计感。如今,越来越多的家居产品开始在智能化的道路上前进,同时保证设计感。家居智能化的代价并不是牺牲设计,这应是设计师共同的认知。

例如 2011 年,具备互联网功能的 Android 手机正在尝试开发手机智能家居系统软件,谷歌宣布开放其系统源代码。对于那些没有开放源代码的手机操作系统,Android 是一个开放源码的操作系统,专门为移动电话而设计的系统。Android 手机将开辟新的应用,使家居智能化运用于普通家庭。例如,我们通过 AutoHTN 来控制我们的家居照明、空调、燃气泄漏检测器、监控摄像头、电视机、DVD 以及更多。当我们试图找到遥控器打开这些设备时,你可以考虑使用手机来进行相关的操作了。在 Android 手机中,AutoHTN 有更多的应用。下面是以 AutoHTN 举几个例子:

如果你是在工作的时候,你可以使用移动探测器警报通知你;当你的孩子从学校回家,你甚至可以切换到有监控摄像头的房子,看到他们;假如你回家较晚,你可以通过手机轻松地打开你的前廊灯;下班前你可以通过手机打开家中的空调设备,设置好适应的温度,然后再开车回家。

如果你是休假在外,你可以打开家中的某一盏电灯,使它看起来像家中有人,你也可以开启你房间内的安防监控系统,以确保家中的安全;为了提高安全性和警惕性,当你进家前,可以使用"打开室内所有灯光"按钮。

通过手机来控制家中视频、音频设备,然后通过手机观看或收听家中的视频或音频;如果有小偷闯入你的房子,而你不在家,红外报警探测器会发出警报,你可以通过监控摄像头找到小偷的踪迹,你可以使用声光报警器来驱赶和震慑他。

以上几个例子是 Android 手机在智能家居系统中的一些实际的应用案例。到目前为止,国内还没有哪一家智能家居产品商对 Android 手机进行手机智能家居系统软件的开发。在世界上人口最多的国家,移动电话的应用也是非常普及,所以手机智能家居系统软件将最终成为智能家居系统中的主流产品。

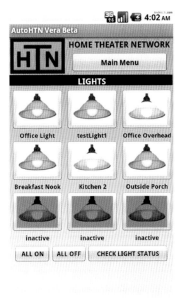

图 8 - 2　Android(安卓)AutoHTN

（二）智能家居系统整合及智能监控

1. 建设家居智能化系统的基本要求

（1）应该在卧室、客厅等房间布线并设置有线电视插座。

（2）应当在卧室、书房、客厅等房间设置网络信息插座。

（3）应当设置访客对讲和大楼出入口门锁控制装置。

（4）应当在厨房内设置燃气监控和报警装置。

（5）家中应该设置紧急呼叫求救按钮。

（6）设置水表、电表、燃气表、暖气的自动计量远距离传送装置。

2. 家居智能化能实现的功能和提供的服务

（1）始终在线的网络服务:与互联网随时相连,为在家办公提供方便条件。

（2）安全防范:智能安防可以实时监控非法闯入、火灾、煤气泄漏、紧急呼救的发生。一旦出现警情,系统会自动向中心发出报警信息,同时启动相关电器进入应急联动状态,从而实现主动防范。

（3）家电的智能控制和远程控制:如对灯光照明进行场景设置和远程控制、电器的自动

控制和远程控制等。

（4）交互式智能控制：可以通过语音识别技术实现智能家电的声控功能；通过各种主动式传感器（如温度、声音、动作等）实现智能家居的主动性动作响应。

（5）环境自动控制：如家庭中央空调系统。

（6）提供全方位家庭娱乐：如家庭影院系统和家庭中央背景音乐系统。

（7）现代化的厨卫环境：主要指整体厨房和整体卫浴。

（8）家庭信息服务：管理家庭信息及与小区物业管理公司联系。

（9）家庭理财服务：通过网络完成理财和消费服务。

（10）自动维护功能：智能信息家电可以通过服务器，直接从制造商的服务网站上自动下载、更新驱动程序和诊断程序，实现智能化的故障自诊断、新功能自动扩展。

家居智能化确实反映了未来家居的发展方向。当然有条件的家庭也可以尝试，它将给您的生活带来极大的方便。例如日本东芝集团原先预计于2013年11月推出专为住宅建筑商及大楼开发商设计的住宅能源管理系统HEMS（Home Energy Management System）新产品，其中新增了可通过Wi-Fi连接，不需连接互联网就能提供可视化服务与操控家用品的新功能。

东芝开发的HEMS，以各居民住户的用电信息为基础，对居民的生活方式进行分析。并从"三井住宅LOOP"合作的餐厅、家电量贩店、家务代理等众多企业提供的优惠服务信息中，选择符合各居民生活方式和潜在需求的服务，并在适当的时候显示在HEMS的画面上，如图8-3。

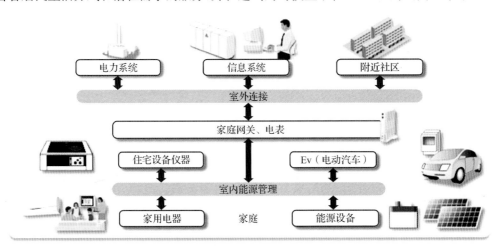

图8-3　东芝住宅能源管理系统HEMS

即将上市的新产品包括连接网络机器的Home Gateway（家庭网关）以及智能电表。Home Gateway俗称宽带分享器，也就是家庭智能网络的核心设备，是连接客户端与外界接口的设备。Home Gateway主要是通过互联网，借助分享器连接至使用软件以及提供服务的云端，不仅可支持既有的近距离无线通讯规格的蓝牙与有线LAN传输方式，同时可通过最新的Wi-Fi连接方式，支持平板等设备，进而达到无线直接联网服务。同时，搭载了无需连接网络、通过个人电脑以及平板设备就能显示家中情况的可视化显示服务，以及名为"Simple HEMS"、可远程操控家电用品的新功能。而智能电表单元为测量家庭中能源使用量，连接家中配电器设备，将各个回路的用电量提供给用户，进而实现可视化，有助于家庭能源节能管

理。设计上相较于传统机种,新款外形采用小型的设计,安装上也相对容易多了。

此外,这次也针对实现HEMS的云端收费会员制服务"FEMINITY俱乐部"进行改善工作。考虑到利用智能手机来进行操作功能,便采取了只需要碰触画面上的按钮,就能轻松完成操控的设计,简简单单就能达到远程的操作。

3. 智能系统的子系统

家居智能系统包含的主要子系统有:家居布线系统、家庭网络系统、智能家居(中央)控制管理系统、家居照明控制系统、家庭安防系统、背景音乐系统、家庭影院与多媒体系统、家庭环境控制系统等八大系统。其中,智能家居(中央)控制管理系统、家居照明控制系统、家庭安防系统是必备系统,家居布线系统、家庭网络系统、背景音乐系统、家庭影院与多媒体系统、家庭环境控制系统为可选系统。

在智能家居系统产品的认定上,厂商生产的智能家居系统产品必须是属于必备系统。能实现智能家居的主要功能,才可称为智能家居。因此,智能家居中央控制管理系统、家居照明控制系统、家庭安防系统都可直接称为智能家居。而可选系统都不能直接称为智能家居,只能用智能家居加上具体系统的组合表述方法,如背景音乐系统,称为智能家居背景音乐。将可选系统产品直接称作智能家居,是对用户的一种误导行为。

在智能家居环境的认定上,只有完整地安装了所有的必备系统,并且至少选装了一种及以上的可选系统的智能家居才能称为智能家居。

4. 安全防范

家居安全防范系统包括如下几个方面的内容:门磁开关、紧急求助、烟雾检测报警、燃气泄漏报警、玻璃破碎探测报警、红外微波探测报警等。

(1)监控点设置

家居安全防范系统设计时,首先要确定的是安防探测器放在何处较恰当,其次需要确定采用什么样的探测器较为恰当。

①入口防范:在住宅入口大门处安装门磁,对企图从大门非法入侵住宅的事件发出警报。

②外部防范:阳台采用幕帘式红外/微波双鉴探测器,窗口采用玻璃破碎探测器,对企图从阳台及窗户非法入侵住宅的事件发出警报。

③内部防范:客厅采用球状红外/微波双鉴探测器,提供对住宅内部平面及空间的探测,对进入防护区的非法事件发出警报。

④紧急报警:卧室安装紧急按钮,当发生抢劫等紧急事件时可按下求救信号。

⑤通过安装燃气探测器,对家中的异常气味发出警报。

(2)系统要求

作为一个智能家居安全防范系统,通常有如下要求:

①计算机管理;

②系统需联网;

通过在家内安装探测器及报警通信主机,对住宅进行安全防范。警情发生时,探测器将探测到的报警号传递给报警通信主机,主机通过判断并确认后,通过总线传输到中心接警计算机,中心管理人员通过接警计算机对警情作出反应,达到对住户家中非法入侵行为进行防范的目的。

（3）住宅报警联网的连接方式

①室内连接方式：各探测器与报警器通信主机之间的连接，为避免在传输过程中受到干扰而出现漏报和误报，要求采用单线连接。

②室外连接方式：如果设有访客对讲系统，为避免室外部分的重复布管、布线，可以与访客对讲系统共用总线。

5. 家用电器自动化

所谓家用电器自动化就是指家庭中电器设备，如音响、电视机、热水器、空调机、微波炉以及照明设备等，通过集中化、遥控化和异体化远程控制调节实现对这些家用电器设备的状态进行监视、控制和调节。

随着科学技术的发展，实现家庭电器设备自动化的方式方法以及解决方案也越来越多。这里所介绍的是基于家庭电力总线网络设计的家庭智能化系统的家用电器自动化系统，其最大的特点在于充分利用了现有家庭网络资源，不需要再穿墙打洞单独布线，工程安装简单，只需将系统的功能终端替换普通的开关、插座，接上电力线即可使用，并且系统可通过不同的接口（网关）终端与各种外部网络，如公用电话、小区局域网以及 Internet 网等互联。

以海尔 U-home 平台为例：海尔 U-home 是海尔集团在信息化时代推出的全新服务理念，为消费者提供无处不在的家庭生活体验。U-home 是全新的网络家庭平台，诠释了网络家庭的新标准，向人们展示了一种崭新的网络化时代的生活方式。海尔 U-home 通过有线网、移动网、因特网三网融合的网络平台，实现 3C 产品（COMPUTER、CONSUMER ELEC-TRONIC、COMMUNICATION）、智能家居系统的互联和管理，以及数字媒体信息共享的系统。海尔 U-home，不仅仅是提供产品，更是提供了一种时尚生活的解决方案（图 8-4）。

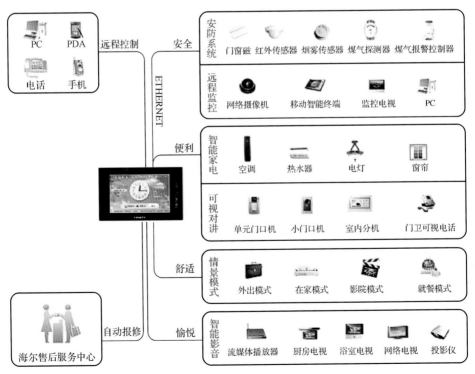

图 8-4 海尔 U-home 系统

（三）远程操控

最新技术的远程控制是使用智能手机或平板电脑来遥控家用的所有设备，并且可以随时观看家中的情况，随时可以发出指令，使家中的各子系统部分开始或结束工作。

例如物联网智能家居系统是智能家居控制技术和物联网技术完美结合的产物。Zigbee 无线智能家居系统以无线的方式，通过手机，把智能开关、智能插座、无线红外转发器、窗帘控制器、无线红外入侵探测器、门磁、烟雾报警器、视频监控等智能家居系统所包含的设备连接成一个完全双向的网络，我们也可以称之为家庭物联网。Zigbee 是基于 IEEE802.15.4 标准的低功耗局域网协议。根据这个协议规定的技术是一种短距离、低功耗的无线通信技术。这一名称来源于蜜蜂的八字舞，由于蜜蜂（bee）是靠飞翔和"嗡嗡"（zig）地抖动翅膀的"舞蹈"来与同伴传递花粉所在方位信息，也就是说蜜蜂依靠这样的方式构成了群体中的通信网络，其特点是近距离、低复杂度、自组织、低功耗、高数据速率、低成本。主要适合用于自动控制和远程控制领域，可以嵌入各种设备。这个网络由于完全符合 Zigbee 协议标准，所以也继承了 Zigbee 网络可靠性高、安全性强、响应快速、组网自动化、自动诊断和恢复系统故障等先天性的优势。居家生活智能化，对物联网 Zigbee 无线技术来说是非常简单的。

随着物联网技术的发展，Zigbee 无线智能家居系统将影响包括我们衣、食、住、行在内的生活的方方面面。通过一部手机或者平板电脑，集成控制家庭的所有设备，当你刚离开家上班，忽然想起家里的窗户和电器没关，这时候不要慌，打开手机操作界面就全部搞定。下班时，再用手机按几下，让电饭锅启动烧饭、热水器开始烧水、空调慢慢调节到人体适宜的温度。当你到家时，就可以先洗个澡，吃上热腾腾的饭菜，还感受到屋内宜人的温度。手机将成智能家居终端控制的主流。远程控制的工作原理如图 8-5 所示。

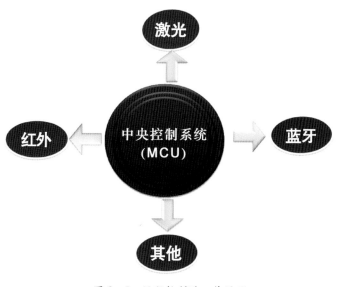

图 8-5　远程控制的工作原理

2012 年年初，贝尔金（Belkin）公司推出模块化智能家居遥控系统——WeMo 系统，实现了使用智能手机或平板电脑来遥控家用电器。

WeMo 系统是一种便于操作的可定制家庭自动化解决方案，由 WeMo 家用遥控开关和 WeMo 动作传感器两个产品组成，其设计宗旨在于简化日常家务工作，并且让忙碌在外的用户安全地管理家用电器。2012 年 10 月，贝尔金又发布了一款可以用于远程家庭监控的摄像机 NetCam Wi-Fi Camera（图 8-6），用户可以通过智能手机或者平板电脑，远程查看家中的情况。

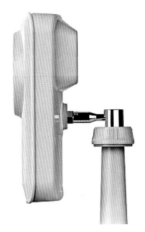

图 8-6　远程家庭监控的摄像机 NetCam Wi-Fi Camera

这个摄像机配备了广角镜头，用来更大范围地捕捉室内景象，还可以记录音频。它还配置了红外线夜视功能，所以即使在夜间也没有问题。贝尔金的这款摄像机主要用于家庭安全监控，可以与 Wi-Fi 路由器连接而无需借助电脑的帮助。用户仅需要下载一个免费的 iOS 或者安卓应用软件即可。视频还可以保存在智能手机或者平板电脑中。如果发现监控区域有任何活动的迹象，NetCam 还能够发送电子邮件警报并自动拍摄照片。

NetCam 支持 802.11 b/g/n Wi-Fi，可以拍摄 JPEG 格式的照片和 MJPEG 格式的视频，解析度可以是 160×120，320×240 和 640×480，最高达 30 帧(fps)。镜头为 F 2.6，聚焦长度为 3.1 mm，水平视角 64°，垂直视角 48°，对角线视角 80°，尺寸为 9.6 cm×20.3 cm×18 cm，重量 431 g。

二、智能卫浴产品

（一）智能洁具

凤凰家居在 2012 年专门针对智能坐便器的消费需求进行了调查。在全体受访者中，传统坐便器、智能坐便器和蹲便器的使用率分别是 78％、8％和 14％，数据表明智能坐便器的普及率并不高。在全体受访者中，约有 76％的受访者表示会考虑智能坐便器。如选购智能坐便器，有 45.5％的受访者更看重自动除臭功能，其次是自动冲洗，再次是座圈加温。在不考虑智能马桶的受访者中，有超过两成

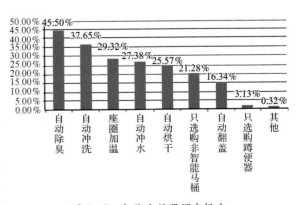

图 8-7　智能坐便器调查报告

（21.28%）表示只选购传统非智能坐便器，有3%的受访者只选购蹲便器。凤凰家居采访了部分只选购非智能马桶的受访者，主要观点集中在担忧智能产品容易故障，而且智能化水平对生活的便利性改进不大、功能华而不实等。数据反映出目前卫浴智能化观念已逐步普及，而消费者对卫浴智能化的顾虑集中在产品实用性和售后保障上。与年龄进行交叉分析可以发现，自动冲洗、自动烘干等功能与年龄存在正相关关系，即随着受访者年龄的增长，选择自动冲洗和自动烘干的越来越多。与之相反，座圈加温、自动除臭等功能则与年龄增长存在负相关关系，即越年轻越偏向选择这些功能。另外值得注意的是，随着年龄的增长，选择传统非智能坐便器的受访者比例逐步增长，说明高年龄段的受访者对智能马桶的接受度较低。此外，年轻受访者对蹲便器的选择也比高年龄段的受访者要多。

现在市场大量出现智能化的家用产品，卫浴产品也是如此。在智能马桶的设计和制造方面，TOTO无疑走到了前面，TOTO卫洗丽自动马桶（图8-8）全球销量2009年已经突破2 500万台。东陶公司在不断加大科技研发和投入，卫浴产品的智能化程度越来越高。TOTO在日本马桶市场上占有60%的市场份额，但其新产品的研究和开发从未停止过。

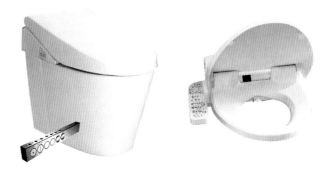

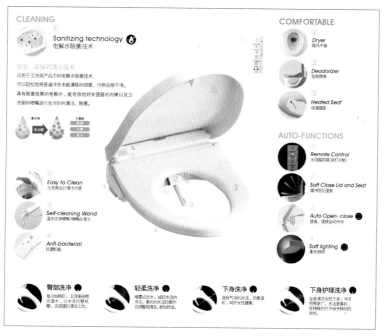

图8-8　TOTO卫洗丽马桶

2008年上海卫浴展上TOTO展示其最新智能产品，只要走进卫生间，坐便器立即会发出柔和的蓝光，马桶盖自动打开。如厕后，马桶能自动根据站立还是坐姿来判断，分别选择4.5升（小便）或6升的冲水量，并自动关闭马桶盖。同时展出的还有智能浴缸，同样能够自动识别，自动发出蓝光，水温自动根据季节和室温调控。

新科技的介入为卫浴产品的设计带来科技的关怀。由以上的产品实例可以看出，合理利用科技会给人类带来非常大的帮助和关怀，在卫浴产品人性化设计发展到今天，科技手段是人性化设计的重要手段之一。科技的发展可以弥补很多设计无法实现的功能，为设计提供了更多可操作的方法。

在如今这个到处都是智能设备的时代，你有没有想过让自己的马桶也变得"聪明"一些呢？日本厂商Lixil在这方面做了一些尝试。他们日前推出了全新的Satis系列坐便器，其中较为高端的Satis G，除了拥有除菌离子（Plasmacluster Ion）技术和电动清洁器外，还可以通过蓝牙与Android智能手机相连。据悉用户只需下载My Satis应用软件后，便可以利用手机来对坐便器进行控制，包括冲洗、改变高度、打开/关闭盖板等操作都可以完成。此外，Satis G还配有喇叭，用户可以通过无线连接播放手机中存储的音乐。Satis示例坐便器工作流程如图8-9所示。

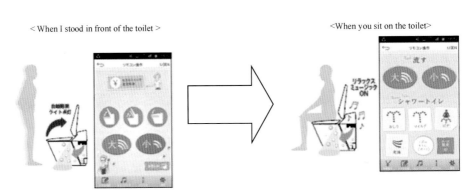

图8-9 Satis系列坐便器工作流程

智能产品越来越受消费者的推崇，它的智能化能为人们节约大量时间，还能帮助节约能源。NUMI是科勒的高科技卫浴系统（图8-10），能通过专属远程控制器进行操作，该操作器是一个类似手机的触屏装置，上面有所有服务选项，当你想使用其中某一服务时，只需要点击相应的图片，不用担心遥控器坏了无法使用。该系列产品本身配备有手动操作系统，该卫浴系列产品还有自我清洁消毒功能，马桶里面的可伸缩水龙头配备有紫外线发射器和自来水冲洗器，保持马桶的洁净。

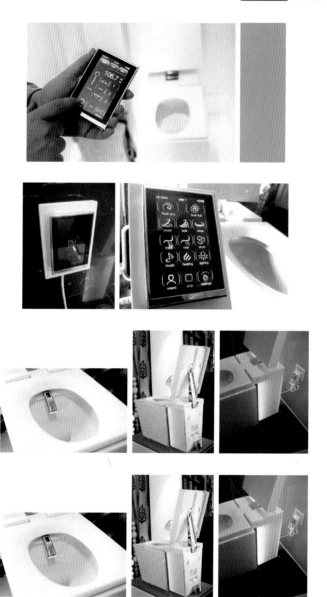

图 8 - 10　科勒 NUMI 全自动坐便

　　如图 8 - 11 所示的韩国的智慧型免治马桶座,免治马桶的发明是针对患有痔疮的人在便后能够用温水冲洗肛门,减轻痔疮的症状和增加排便顺畅。另外,有习惯性腹泻的人,可免除擦拭的痛苦,更可避免因为不当擦拭引起微血管破坏出血时细菌感染。旁边挂着非常有韩国风的无线遥控器,时尚的面板超像手机的外观。谁说马桶座不能很时尚? 就是这个超有感觉的面板,左边的是"无线的"遥控器,跟一般的固定式不同,把手的部分还可以配合厕所的位置或是习惯左右对换。这个马桶盖虽然不会自动感应开合,可是有油压的装置,让马桶盖会慢慢地盖下来,所以不会有马桶盖突然"啪"一声掉下来,吓到别人也吓到自己的尴尬场面。

图 8-11　智慧型免治马桶

（二）恒温系统

以高仪品牌的水龙头为例（图 8-12），使用这种技术的水龙头都可以不再设定龙头的开关装置、水量的调节等装置，甚至只需要一个出水口就可以了。这是以前的设计师无法想象的水龙头造型，这就是科技带来的人性化的关怀。

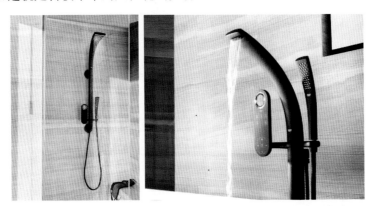

图 8-12　高仪恒温花洒

德国高仪产品具有多种功能，同时申请世界专利的高仪特时达®和高仪冷触®技术。恒温器均采用高仪特时达®技术，特别适用于小家庭。一旦冷热水供应有所变化，它会立即作出反应，确保消费者在淋浴期间水温保持不变。高仪所有的恒温器均配有一个安全锁定按钮，避免儿童意外将温度升至 38 ℃以上。儿童的皮肤比成年人更薄，因此被烫伤的风险更大。高仪的浴缸、淋浴龙头和手持花洒均采用高仪冷触®技术，即在热水供应口周围设定冷水屏障，创新性设计冷却通道，热水通过特殊接头进入恒温器确保镀铬外表温度不会高于混合水温。

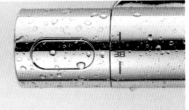

图 8-13　采用了高仪冷触技术的花洒温控

　　高仪数码技术能够简化浴室设计,设有直观的用户图标,可根据个人需求预先设定适当的水温、水流量及持续时间,操作十分简便。数字控制器上的按键让您能控制供水和调节水温,而表盘周围转盘是用来控制水流大小的。表盘外圈的发光设计,让使用者瞬时了解水温的变化。对于浴缸和淋浴可以用数字转向器单键切换出水口。另外,2011 年同时获得"红点"和"iF"大奖的高仪"弗瑞斯数码",提供最大设计和开发自由,采用无线技术,淋浴器、浴缸、盥洗盆和妇洗盆有一个全套的协调产品,能够完全按照消费者要求设计浴室的格局。从单一独立浴缸出水嘴到整合了手持花洒、浴缸出水嘴和注入器的淋浴设置,通过记忆功能保存您预先设定的水温和水流量。数码控制面板和数码转向器提升浴室使用的易用性,使沐浴变为一种简易、舒适的操作。这必然是卫浴产品发展的方向。

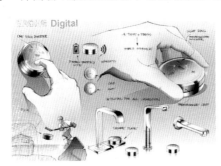
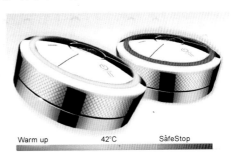

图 8-14　高仪数码技术

　　TOTO 用独具创意的设计,将"水能"的艺术演绎到极致。创新的 Aqua-auto 是一种利用水流为自身提供能量的新型感应式龙头。通过水流的动能进行发电,不但减少了日常所需的各种维护工作,节省了成本,更降低了能源消耗,保护了生态环境,成为在公共场所合理节能的优秀产品。关键是设计的思路非常可取,利用自然的力量回馈自然。这款水龙头也是获得 iF 大奖的产品。

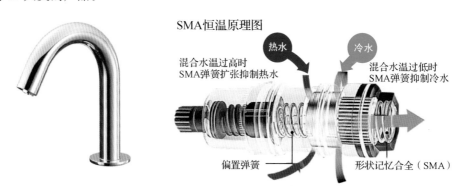

SMA恒温原理图

热水　冷水

混合水温过高时
SMA弹簧扩张抑制热水

混合水温过低时
SMA弹簧抑制冷水

偏置弹簧

形状记忆合全(SMA)

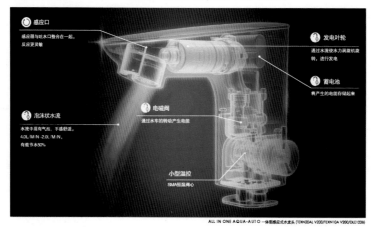

ECOPOWER 技术
AQUA-AUTO FAUCETS 水力发电式感应龙头

当龙头开户时,水流会通过内置的微型水力涡旋机,将涡旋机高速旋转产生的能量转化为电能,存储在电容中,来进行日常的运转。

感应口
感应器与吐水口整合在一起,
反应更灵敏

发电叶轮
通过水流使水力涡旋机旋
转,进行发电

蓄电池
将产生的电能存储起来

电磁阀
通过水车的转动产生电能

泡沫状水流
水流中混有气泡,手感舒适。
4.0L/MIN-2.0L/MIN,
有效节水50%

小型温控
SMA恒温阀芯

ALL IN ONE AQUA-AUTO 一体型感应式水龙头 (TEKN20AL V200/TEKN10A V200/DLE1238)

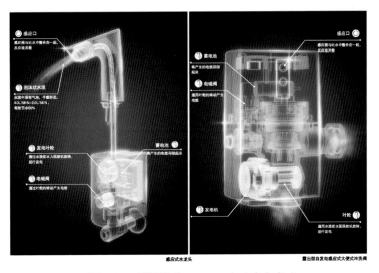

图 8-15　TOTO Aqua-auto 水力发电龙头

参考文献

[1] [美]Donald A. Norman. 未来产品的设计[M]. 北京:电子工业出版社,2009

[2] [美]劳拉·斯莱克. 什么是产品设计[M]. 北京:中国青年出版社,2008

[3] 杭间. 设计道[M]. 重庆:重庆大学出版社,2009

[4] 苏英亮. 人性化设计与行为设计[C]//2006年中国机械工程学会年会暨中国工程院机械与运载工程学部首届年会论文集. 杭州:中国机械工程学会,2006

[5] 高楠. 工业设计创新的方法与案例[M]. 北京:化学工业出版社,2006

[6] 李砚祖. 造物之美——产品设计的艺术与文化[M]. 北京:中国人民大学出版社,2000

[7] [美]Donald A. Norman. 好用型设计[M]. 北京:中信出版社,2007

[8] 郑健启,胡飞. 艺术设计方法学[M]. 北京:清华大学出版社,2009

[9] 柳冠中. 事理学论纲[M]. 长沙:中南大学出版社,2006

[10] 严扬,王国胜. 产品设计中的人机工程学[M]. 哈尔滨:黑龙江科学技术出版社,1997

[11] 唐林涛. 工业设计方法[M]. 北京:中国建筑工业出版社,2006

[12] 李乐山. 工业设计心理学[M]. 北京:高等教育出版社,2004

[13] [日]原研哉. 设计中的设计[M]. 济南:山东人民出版社,2006

[14] 胡飞,杨瑞. 设计符号与产品语意[M]. 北京:中国建筑工业出版社,2003

[15] 江湘芸. 关于行为方式与创新设计之间关系的探讨[J]. 北京理工大学学报(社会科学版),2007,9(2)

[16] 兰海龙. 产品设计中的方式设计研究[M]. 硕士学位论文. 上海:华东理工大学出版社,2005

[17] 蔡军译. 飞利浦设计思想[M]. 北京:北京理工大学出版社,2002

[18] 霍郁华,戴军杰,董朝晖. 我的世界是圆的——科拉尼和他的工业设计[M]. 北京:航空工业出版社,2005

[19] 徐恒醇. 设计符号学[M]. 北京:清华大学出版社,2008

[20] 李彬. 符号透视:传播内容的本体诠释[M]. 上海:复旦大学出版社,2003

[21] [英]帕特里克·贝尔特. 二十世纪的社会理论[M]. 瞿铁鹏,译. 上海:译文出版社,2002

[22] 福柯·哈贝马斯,等. 激进的美学锋芒[M]. 周宪,译. 北京:中国人民大学出版社,2003

[23] 阿恩海姆·霍兰,等. 艺术的心理世界[M]. 周宪,译. 北京:中国人民大学出版社,2003

[24] [美]斯蒂芬·贝利,菲利普·加纳. 20世纪风格与设计[M]. 罗筼筼,译. 北京:人民出版社,2000

[25] [英]彼得·多默. 1945年以来的设计[M]. 北京:人民出版社,1998

[26] 王受之. 白夜北欧[M]. 哈尔滨:黑龙江美术出版社,2006

[27] [美]Donald A. Norman. 情感化设计[M]. 北京:电子工业出版社,2007

[28] 赵江洪. 设计艺术的含义[M]. 长沙:湖南大学出版社,1999

[29] 何人可. 工业设计史[M]. 北京:北京理工大学出版社,1992

[30] H. G. 布洛克. 现代艺术哲学[M]. 滕守尧,译. 成都:四川人民出版,1998

[31] 梁梅. 意大利设计[M]. 成都:四川人民出版社,2000

[32] 李龙生,欧阳巨波,石巍. 咫尺方圆——设计艺术文化谈[M]. 哈尔滨:黑龙江人民出版社,2004

[33] 陈望衡. 艺术设计美学[M]. 武汉:武汉大学出版社,2000

[34] 朱上上. 递潮流青春和成功——谈造型语义与产品形态[J]. 设计新潮,1998(1)

［35］李亮之.世界工业设计史潮［M］.北京:中国轻工业出版社,2001

［36］蔡军,徐邦跃.世界著名设计公司卷［M］.哈尔滨:黑龙江科学技术出版社,2001

［37］［法］马克·第亚尼.非物质社会——后工业世界的设计、文化与技术［M］.滕守尧,译.北京:人民出版社,1998

［38］吴玉生.产品设计的情感要素研究［D］.武汉:武汉理工大学,2006

［39］［法］罗兰·巴尔特.符号帝国［M］.孙乃修,译.北京:商务印书馆,1994

［40］柳冠中.设计"设计学"——"人为事物"的科学［J］.美术观察,2000(2)

［41］陈汗青.设计艺术原理［M］.武汉:武汉理工大学出版社,2001

［42］杨裕富.创意活力——产品设计方法论［M］.吉林:吉林科学技术出版社,2004

［43］朱介英.色彩学——色彩设计与配色［M］.北京:中国青年出版社,2000

［44］张雯.产品形态契合设计研究［M］.北京:北京理工大学出版社,2003

［45］姜霖.产品材质美的来源［M］.上海:上海交通大学出版社,2003

［46］张福昌.造型基础［M］.北京:北京理工大学出版社,1994

［47］欧阳友权.文化产业通论［M］.长沙:湖南人民出版社,2006

［48］［美］苏珊·郎格.情感与形式［M］.刘大基,译.北京:中国社会科学出版社,1986

［49］Palh G Beitz W. Engineering design［M］. The Design Council,1984

［50］Michael Bogle：Designing Australia：readings in the history of design［M］. Pluto Press,2002

［51］French M J. Conceptual design for engineers［M］. The Design Council,1985

［52］张凌浩.下一个产品［M］.南京:江苏美术出版社,2008

［53］潘云鹤.计算机辅助工业设计技术发展状况与趋势［J］.计算机辅助设计与图形学学报,1999(11)

［54］［美］鲁道夫·阿恩海姆.视觉思维——审美直觉心理学［M］.滕守尧,译.成都:四川人民出版社,1998

［55］［美］鲁道夫·阿恩海姆.艺术与视知觉［M］.滕守尧,朱疆源,译.成都:四川人民出版社,1998

［56］［英］莫里斯·德·索斯马兹.基本设计:视觉形态动力学［M］.莫天伟,译.上海:上海人民美术出版社,1989

［57］赵宪章.西方形式美学［M］.上海:上海人民出版社,1996

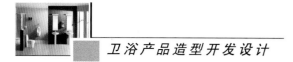

后　记

　　本书在编写的过程中得到了河南工业大学李文庠副教授和杜秀玲副教授的关心和支持,本书的出版是在东南大学出版社胡中正编辑及同仁的热心与督促下完成,在此表示诚挚的感谢!

　　本书在成书的过程中,参考了较多卫浴产品设计的知识和卫浴产品的最新科技,并运用了大量卫浴产品的图片,部分图片来源于网络,参考的图片版权归其作者和企业所有。

　　本书第一、二、六章由王君(河南工业大学设计艺术学院)编写,第三、五、七、八章由李珂(河南工业大学设计艺术学院)编写,第四章由刘娟(郑州轻工业学院艺术设计学院)编写。

　　由于编者的知识和掌握的资料有限,本书的内容难免会存在缺陷,希望得到专家和读者的批评指正。